中国科协创新驱动助力工程
中国人工智能学会系列研究报告

中国原创学科可拓学发展报告 2016

主　编　杨春燕　汤　龙
副主编　赵燕伟　邹广天　李兴森　杨国为

北京邮电大学出版社
www.buptpress.com

图书在版编目（CIP）

中国原创学科可拓学发展报告 2016 / 中国人工智能学会编写 .
-- 北京 ： 北京邮电大学出版社， 2017.1

ISBN 978-7-5635-4494-3

Ⅰ. ①中… Ⅱ. ①中… Ⅲ. ①科学研究－研究报告－
中国Ⅲ Ⅳ. ① G322

中国版本图书馆 CIP 数据核字（2017）第 007194 号

书　　名：中国原创学科可拓学发展报告 2016
著作责任者：杨春燕　汤龙　主编
责任编辑：满志文
出版发行：北京邮电大学出版社
社　　址：北京市海淀区西土城路 10 号 (邮编：100876)
发 行 部：电话： 010-62282185 传真： 010-62283578
E-mail：publish@bupt.edu.cn
经　　销：各地新华书店
印　　刷：北京九州迅驰传媒文化有限公司
开　　本：720 mm×1 000 mm 1/16
印　　张：5
字　　数：78 千字
版　　次：2017 年 1 月第 1 版　2017 年 1 月第 1 次印刷

ISBN 978-7-5635-4494-3

定价：48.00 元

《中国人工智能系列发展报告》
编委会

中国原创学科可拓学发展报告 2016

编委会

PREFACE 前言

可拓学是中国学者蔡文教授于 1983 年提出的、聚焦于矛盾问题求解和智能化处理的新学科。它通过探讨古往今来人们处理矛盾问题的规律，建立了一套程序化的方法，使人能够按照程序处理矛盾问题和开拓创新，利用计算机和网络帮助人们生成解决矛盾问题的创意和新产品创意。

历经 30 多年的发展，建立了基础理论——可拓论和应用方法——可拓创新方法，并在各领域应用形成可拓工程。可拓论、可拓创新方法和可拓工程构成学科可拓学。

目前可拓学已应用于工程、信息、经济与管理等多个领域的矛盾问题处理和产品创新、设计创新、管理创新等，获得多项专利；应用可拓学的理论和方法研究了用计算机帮助人们解决矛盾问题的工具，获得多项软件著作权。可拓学成果得到学术界和国家科技部门的高度评价，国际化和社会化工作成效显著。

可拓学研究者对矛盾问题求解的普遍规律和一般方法的形式化、系统化研究，得到的成果使人们解决矛盾问题有一定的规律可循，有可操作的方法可依，为各行业解决矛盾问题和开拓创新提供了一套系统的方法。

这项工作开辟了一个新的研究领域，使对矛盾问题求解的研究，从概念与理论的层次，发展到逻辑推理层次和可操作的方法层次，其体系是一种新的科学方法论。可拓学的应用研究为工程技术与信息技术等领域应用这些理论与方法去解决矛盾问题架设了桥梁，对推动相关学科的发展具有重要的意义，对科学技术的进步和社会经济的发展有积极的作用，特别是可拓创新方法在很多企业和大中小学推广普及，对我国建设创新型国家、提升国民的创新素质，有十分重要的价值。

本书由中国人工智能学会可拓学专业委员会组织撰写，全书共分 5 章：第 1 章可拓学概述；第 2 章可拓策略生成方法与系统；第 3 章基于可拓学的数据挖掘研究与应用；第 4 章可拓设计；第 5 章可拓控制。

由于编者才疏学浅，疏漏乃至错误之处在所难免，恳请读者批评指正。

编者谨识

2016.10.10

CONTENTS 目录

第 1 章　可拓学概述

1.1　可拓学的学科体系

1.1.1　可拓学的定义和定位

可拓学（Extenics）是以形式化的模型，探讨事物拓展的可能性以及开拓创新的规律与方法，并用于解决矛盾问题的科学。它的研究对象是矛盾问题，即在现有条件下无法实现人们要达到的目标的问题。

可拓学就是通过探讨古往今来人们处理矛盾问题的规律[1]，建立一套程序化的方法，使人能够按照程序处理矛盾问题，利用计算机和网络帮助人们生成解决矛盾问题的创意和新产品创意[2]。

可拓学的基本理论是可拓论[3]，方法体系是可拓创新方法[4]，它们的应用称为可拓工程。可拓论、可拓创新方法和可拓工程构成可拓学。

1.1.2　可拓学的理论体系——可拓论

可拓论由基元理论、可拓集理论和可拓逻辑构成其理论体系，如图 1-1 所示。

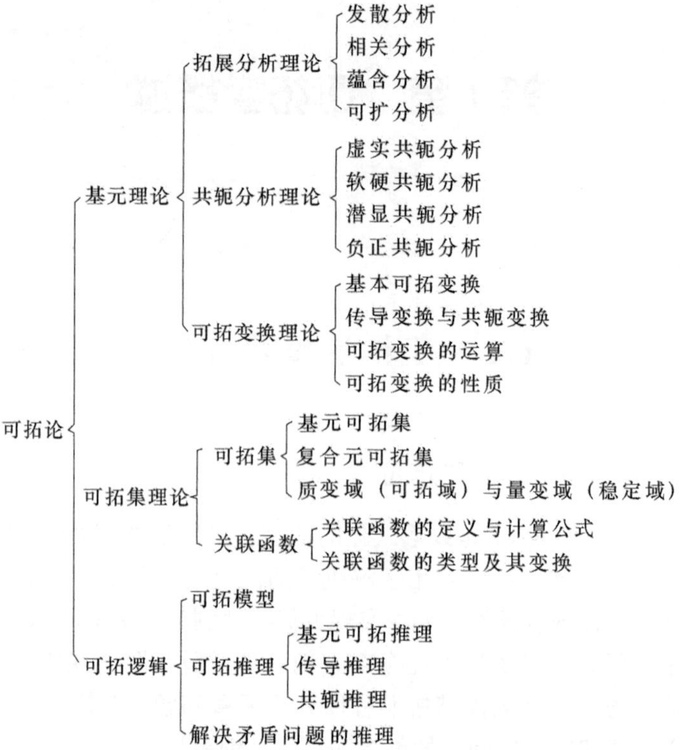

图 1-1　可拓论框架

1. 基元理论

物元、事元和关系元（统称为基元）是可拓学的逻辑细胞，利用它们可以描述事、物、关系和问题，描述信息、知识和策略。通过研究基元的拓展性和变换、变换运算的规律，建立了把数学模型拓广的可拓模型，去表示矛盾问题及其解决过程，作为处理矛盾问题的形式化工具；研究了基元的拓展分析理论和物的共轭分析理论；探讨了可拓变换的类型和性质，形成可拓变换理论；它们合称为基元理论。

2. 可拓集与关联函数

经典数学以康托集为基础，康托集是对确定性事物的分类。扎德提出的模糊集描述了模糊性的事物，是模糊数学的基础。康托集和模糊集定性地表达了事物的性质及其分类。

为了表示矛盾问题通过变换变为不矛盾问题，必须建立描述变换下事物性质变化的集合概念。1983 年，《可拓集合和不相容问题》一文提出了可拓集的概念，使静态的集合论发展为描述变换（包括动态）下的集合论，作为解决矛盾问题的集合论基础。

为了定量地刻画事物性质的变化，可拓集以关联函数作为定量化工具。

3. 可拓逻辑

要使计算机能利用可拓模型处理矛盾问题，生成解决矛盾问题的策略，必须研究带有矛盾前提的逻辑。

在解决矛盾问题的研究中，不仅要涉及数量关系，还要涉及事物、事物的特征和量值。不仅考虑静态的事物和关系，还要考虑事物和关系在变换下（包括动态）的变化。不仅要进行推理，还要涉及创造性思维的过程，不仅需要不矛盾的传统逻辑，还需要允许一定矛盾前提的逻辑。因此，在可拓学中，研究了它特有的逻辑——可拓逻辑，它异于形式逻辑和辩证逻辑，有如下几个特点：

（1）研究使矛盾问题转化的逻辑。数理逻辑研究经典数学中推理的规律，模糊逻辑研究模糊数学中推理的规律。人们天天要与矛盾问题打交道，要处理各种各样的矛盾问题。因此，必须研究如何在矛盾前提下，通过某些变换，使矛盾问题转化为不矛盾问题的可拓逻辑。

（2）逻辑值随变换而改变。在经典逻辑和模糊逻辑中，事物是否具有某种性质，命题为“真”或为“假”是相对固定的。但在可拓逻辑中，由于引入了变换（包括时空的改变），事物具有某种性质的程度和命题“真假”的程度随变换而改变。可以说，经典逻辑和模糊逻辑从“静态”的角度研究事物的性质和命题的真假；可拓逻辑则从变换（包括“动态”）的角度讨论事物具有某种性质的程度和命题真假的变化。同样，推理的正确性也是可变的，可拓逻辑也研究在变换下推理正确度的变化。

（3）形式逻辑的形式和辩证逻辑的思想。可拓逻辑对语句或命题真假程度的描述成为描述事物矛盾程度的依据，可拓逻辑要研究“变”的推理规律，就必须符合自然辩证法的基本规律。因此，可拓逻辑也进行了哲学原理形式化的尝试。通过用符号表达某些哲学原理，可以对这些哲学规律进行操作和运算，使辩证逻辑不仅仅停留于自然语言的描述。

可拓逻辑汲取了形式逻辑形式化的做法，采用了辩证逻辑的思想，结合并发展出描述可拓思维形式，以解决矛盾问题的变换和推理为核心的可拓逻辑，为用计算机和网络处理矛盾问题建立了逻辑工具。

1.2 可拓学的方法体系——可拓创新方法

可拓学研究了描述现实世界中的事、物和关系，信息和知识以及问题的形式化体系。建立了以基元为逻辑细胞的可拓模型；研究了事物拓展的可能性——可拓展性以及用形式化表示可拓展性的方法——拓展分析方法；研究了从物质性、系统性、动态性和对立性分析物的结构的共轭性，建立了基元的拓展分析理论与方法以及物的共轭分析理论与方法，提出了矛盾问题转化的基本方法，包括化不相容问题为相容问题的可拓策略生成方法、处理对立问题的转换桥方法和从整体出发，考虑处理复杂问题的关键策略与协调方法。

可拓学从新的角度为人们认识和分析现实世界、解决现实世界中的矛盾问题，提出了一种新的方法体系——可拓创新方法体系，如图 1–2 所示。

- 可拓创新方法
  - 基本方法
    - 可拓模型建立方法
    - 拓展分析方法
      - 发散树方法
      - 相关网方法
      - 蕴含系方法
      - 分合链方法
    - 共轭分析方法
      - 虚实共轭分析方法
      - 软硬共轭分析方法
      - 潜显共轭分析方法
      - 负正共轭分析方法
    - 可拓变换方法
      - 基本变换方法
      - 变换的运算方法
      - 传导变换方法
      - 共轭变换方法
        - （以上）基元的变换
        - 关联准则的变换
        - 论域的变换
    - 可拓集合方法
      - 可拓分类方法
      - 可拓聚类方法
      - 可拓识别方法
    - 优度评价方法
      - 一级优度评价方法
      - 多级优度评价方法
  - 创意生成方法
    - 处理矛盾问题的方法
      - 可拓策略生成方法
      - 转换桥方法
    - 新产品构思方法
      - 从需要出发的第一创造法
      - 从已有产品出发的第二创造法
      - 从缺点出发的第三创造法
  - 可拓思维模式
    - 菱形思维模式
    - 逆向思维模式
    - 传导思维模式
    - 共轭思维模式

图 1–2 可拓创新方法体系

1.2.1 可拓模型建立方法

用基元表示事、物和关系，表示信息和知识，从而建立起问题的形式化模型，称为可拓模型。对矛盾问题的可拓模型进行拓展和变换，可以获得解决矛盾问题的创意，再进行评价，就获得可供应用的创意。

1.2.2 拓展分析方法

拓展分析方法是根据基元的拓展分析原理对事、物、关系等进行拓展，以获得解决矛盾问题的多种可能途径的方法。拓展分析方法包括发散树方法、相关网方法、蕴含系方法和分合链方法。

1.2.3 共轭分析方法

对物的结构的研究，有助于我们利用物的各个部分及各部分间的相互关系去解决矛盾问题。物具有物质性、系统性、动态性和对立性，统称为物的共轭性。根据物的共轭性，利用物元和关系元作为形式化工具，把物分为虚部、实部与虚实中介部；软部、硬部与软硬中介部；潜部、显部与潜显中介部；负部、正部与负正中介部。这种形式化分析方法，称为共轭分析方法。通过对物的各共轭部及其相互关系和相互转化的分析，可以得到解决矛盾问题的多种策略。共轭分析方法为人们全面分析物的结构提供了新的视角。

1.2.4 可拓变换方法

使矛盾问题转化的工具是变换。通过对人们处理矛盾问题的变换方法的研究，抽象出五种基本变换和四种运算方式。任何一个解决矛盾问题的创意，都是由五种基本变换通过四种运算或复合而成。

由于事物的相关性和蕴含性，对一事物或关系的变换会导致他事物或关系的改变，这是传导变换，人们常常利用传导变换去处理问题。

1.2.5 可拓集方法

可拓集方法是从动态的、转化的角度对研究对象进行分类、识别和聚类等的方法。可拓集是以可拓变换和关联函数为基础的集合。针对不同的变换，可拓集有不同的质变域和量变域，从而有不同的分类、聚类和识别形式，它形式化和定量化地揭示了矛盾问题的转化过程和结果，更贴切地描述了分类、聚类和识别等的动态性和可转化性。

在可拓学中，建立了描述距离的新概念“可拓距”，以突破经典数学中区间内的点与区间之距离均为零的规定。以此为基础建立的关联函数，就可以定量地描述“类内也有异”的客观现实，进而描述量变和质变的过程，建立了能表达在某种变换下事物性质的量变和质变的定量计算公式。

可拓集方法包括可拓分类方法、可拓聚类方法和可拓识别方法等。可拓集方法是可拓数据挖掘的基础。

1.2.6 优度评价方法

可拓变换方法得到的大批创意必须进行评价，把可拓集的关联函数应用于对创意评价的方法称为优度评价方法，它是综合多种衡量条件对某一对象、方案、策略等的优劣程度进行综合评价的实用方法。对一个对象的评价往往不能只考虑有利的一面，还要考虑不利的一面。此外，在评价时，往往要考虑到动态性和可变性，对潜在的利弊进行考虑。该方法用关联函数来计算各衡量条件符合要求的程度，由于关联函数的值可正可负，这样建立的优度可以反映一个对象利弊的程度，使得评价更符合实际。

1.3 可拓工程

可拓论和可拓创新方法在各个具体领域的应用统称为可拓工程。

1.3.1 可拓学在人工智能领域的应用

可拓论刚刚诞生不久，不少专家就明确指出，可拓论“带有很浓厚的人工智能色彩”[3]，“必将渗透到人工智能及其相关学科中”[4]，从可拓学和人工智能的发展过程可见，它们有着密切的联系[5]。

1. 可拓论与人工智能的基础问题

（1）问题处理：不少学者认为，用计算机进行“问题处理”是人工智能的核心，人工智能研究解决问题的思维规律及其计算机模拟。实际上，很多智能活动的过程，甚至所有智能活动的过程，都可以看作或抽象为“问题求解”的过程。可拓学研究的矛盾问题是问题的难点，解决矛盾问题是重要的智能活动，也是人工智能水平的体现，它比一般解题更富创造性，更强调智能的发挥，对解决矛盾问题的深入研究有助于人工智能水平的提高。同时，把可拓学对问题的形式化描述、可拓变换和可拓推理解决矛盾问题的方法应用于人工智能中，使计算机学会用可拓创新方法解决矛盾问题，这对人工智能技术水平的提高有十分重要的意义，对促进人工智能的发展有重要的价值。

（2）可拓模型和信息、知识的形式化表示：可拓学建立的以基元为逻辑细胞的形式化体系，容易为计算机所接受而进行操作。可拓模型为人工智能提供一种简洁而逐步规范的知识表示方法。

信息和知识用可拓模型描述以后，可以利用基元的可拓展性，拓展出新的信息和知识，进而建立可拓信息—知识—策略形式化体系，为人工智能的策略生成技术提供依据，为信息的拓展和可拓知识的获取与挖掘提供新的理论和方法。

（3）可拓集与分类、识别：解决矛盾问题的集合论基础是可拓集论，其本质是“非变为是”“不行变行”“不属于变属于”等的形式化描述，这是计算机进行矛盾问题处理的理论基础之一。可拓集的本质体现在质变域、零界和可拓变换中。计算机利用它们处理事物性质的动态变化，进行创造性思维和生成策略，并利用关联函数作为定量化工具，进行定性和定量相结合的操作，将大大提高计算机的智能水平。

分类，是人工智能进行识别、检索、决策和控制的前提。可拓分类方法为动态事物和动态过程的模式识别注入新的方法。因此，把可拓变换的思想引入识别中，把可拓创新方法应用于识别研究将提高计算机的分类和识别能力。

（4）可拓推理与人工智能的推理技术：推理技术是人工智能的重要技术，它研究前提和结论之间的逻辑关系及真度或置信度的传递规律等。对推理的研究往往涉及对逻辑的研究，逻辑是人脑思维的规律，也是推理的理论基础，人脑的大部分思维活动都是在知识不完全的情况下，在不断探索中完成的。因此，可拓推理在形式化和模拟人类思维的变通性方面将是一种具有创造能力的推理方法。

可拓推理包括基元拓展推理、传导推理、共轭推理和处理矛盾问题的推理等。可拓推理的核心是变换，这与传统推理以蕴含和匹配为核心的机制不同，它的目的是生成、选择恰当的基元去变换原有的基元，从而使矛盾问题得到解决。可拓推理应用的重点在如下两个方面：

在策略生成方面，以可拓展性为基础，分析生成策略的推理过程，提出生成解决矛盾问题的可拓策略的方法，并在计算机上实现。

把可拓推理演绎成可拓算子，编制成算法和软件，运用于生成可拓信息或可拓知识，这在搜索技术和数据挖掘中有重要的价值。

（5）基于可拓模型与可拓推理的知识表示与推理：知识表示、知识获取和知识处理是知识工程的重要内容，而其核心是知识表示。可拓模型对于描述客观世界的物、事和关系具有简洁、统一和使用方便的特点，利用它们来描述信息和知识，便于计算机操作。其次，基元的可拓展性系统地描述了事物拓展的多种可能性，为提高计算机的创造性思维能力和发展策略生成新技术提供了新的理论和方法。第三，利用基元的可拓展性为知识获取提供新的方法。可拓学从定性和定量的角度，研究解决矛盾问题的规律和方法，为解决深层知识获取提供了新的工具。

知识推理把深藏着的知识开发出来，它包括隐性知识显化和数据挖掘两个部分。可拓创新方法简单明了，便于不同领域的学者使用，为潜在知识的显化提供了思维方法和可操作的工具：首先，用可拓模型表达知识所涉及的基本概念和基本思想，然后，利用基元的可拓展性不断扩充，逐步完善，形成思路清晰、模式规范的显式知识，使潜在知识显化的过程形式化和规范化，将会带来知识推理的新进展。

2. 可拓学与人工智能结合的重点研究方向

可拓学与人工智能相结合的研究方向是矛盾问题的智能化处理[7]。以问题处理为核心，用可拓模型描述信息和知识，建立可拓推理和可拓算法，以探索人工智能的理论体系和应用方法，将是今后可拓学研究者与人工智能工作者相结合的重要方向。可拓推理[8]、可拓算法、可拓分类、可拓策略生成、可拓数据挖掘、可拓模式识别、可拓神经网络等理论、方法和技术的进一步深入研究，将为实现各领域矛盾问题的智能化处理打下坚实的基础。

随着科学技术的发展，各领域都要涉及矛盾问题的智能化处理。研究如何使计算机能生成解决矛盾问题的策略，以提高计算机的智能化水平已显得十分迫切。由于网络和计算机已渗透到人们生活和工作的各个层面，因此，充分利用能处理矛盾问题的智能系统将是今后国民经济很多领域现代化的重要任务。面向未来，没有处理矛盾问题的软件和网络、没有从帮助用户解决矛盾问题的角度出发的信息平台，就无法实现真正意义上的智能化。

为了解决具体的矛盾问题，必须研究能处理一般矛盾问题和领域中矛盾问题所需要的形式化模型、定量化工具、推理规则和特有的方法。因此，研究利用计算机帮助处理各部门所遇到矛盾问题，是经济、社会和国家安全所需要解决的重要课题。通过近年的研究，有望在如下几方面取得突破性的成果：研制各个行业的可拓策略生成软件；研制各领域的可拓数据挖掘软件；研制各行各业的可拓策略（创意）生成平台。

1.3.2　可拓学在工程技术领域的应用

可拓设计是利用可拓论和可拓创新方法研究设计过程中矛盾问题的处理（包括形式化表示、建模、变换、推理、评价与决策），以寻求较优设计方案的一种新的设计理论与方法。它与其他设计理论和方法的最大区别在于它的形式化和定性与定量相结合。它所建立的模型是可拓模型，避免了数学建模中常常舍去问题的一些实际内容，也避免了目前已有设计方法中形式化和定量化不足的缺陷。它是对现代设计理论与方法的补充、完善和进一步发展。有关可拓设计的最初研究，始于可拓学应用研究的初期，首先涉足于新产品构思领域，研究了产品创新的三种创造法，并初步应用于产品设计。

控制与检测领域中存在大量的矛盾问题，如控制中准确性、稳定性和快速性的对立，检测中检测参数与检测仪器不能检测的矛盾，检测仪器的要求与检测环境的矛盾等等。不可控制和不可检测的问题影响了自动化的水平。将可拓论和可拓创新方法应用于控制领域去处理控制中的矛盾问题。称为可拓控制方法。它为解决控制领域中存在的矛盾问题提供了一条值得探索的路径。可拓检测以可拓论为依据，利用可拓变换的方法，建立一种以可拓模型为基础的检测理论与方法，对传统方法无法检测或难以检测的物理量实现有效的检测。

1.3.3　管理可拓工程

管理可拓工程从处理矛盾问题的角度去审视管理的过程，建立一套新的管理工程理论与方法，包括可拓策划、可拓营销、可拓决策等理论和方法。

1.3.4 可拓学与其他领域的交叉融合

凡是有矛盾问题的地方，可拓学就有其用武之地。可拓学的基本理论与方法和各领域的知识相结合，拓广了该领域的理论，也产生了处理该领域矛盾问题的可拓工程方法。

第 2 章　可拓策略生成方法与系统

2.1　引言

随着社会经济的发展和网络信息技术的不断进步，信息和知识越来越多，各种系统越来越复杂，要考虑的参数不计其数，矛盾层出不穷。如何利用计算机和网络存储量大、计算快的特点生成和搜索各领域解决矛盾问题的策略，已成为提高计算机智能化水平的关键。虽然人们已经能将大量工作交给计算机处理，并在许多方面得到了满意的结果，但在问题求解，特别是不相容问题求解方面的研究还很不够。人工智能领域确实花了很长时间考虑问题求解，但对于解决不相容问题的策略生成并没有解决，主要原因在于系统没有自动生成解决不相容问题的策略的功能。

可拓策略生成方法是一套以可拓学理论[1]为基础，采用形式化模型和可拓推理技术研究不相容问题求解的方法。它根据信息知识提取和拓展的规律性，通过建立由对象、特征和量值构成的基元及其复合元，将非结构化的不相容问题转化为可形式化、定量化处理的可拓模型，并利用可拓推理和可拓变换来获取化解问题的策略。近年来，在广大学者的不懈努力下，在多项国家自然科学基金项目“可拓策略生成系统的基础理论与基本方法研究（70271060）”“基于可拓学和 HowNet 的策略生成方法与系统研究（61273306）”“基于 GEP 的可拓策略自组织生成理论与方法研究（61503085）”等的支持下，可拓策略生成的理论与方法体系日益完善，目前已建立了可拓信息—知识—策略形式化体系[9]，以及解决不相容问题的集合论基础——可拓集合[7]和逻辑基础——可拓逻辑[8]。在上述理论和方法研究的基础上，很多学者也相继开展了可拓策略生成系统的研究，建立了可拓策略生成系统的一般框架与功能模块[10]，并开发了一些应用于具体领域的策略生成系统软件[11-14]。

近年来，针对前期对可拓策略生成系统研究中存在的一些瓶颈问题，我们分别探索了结合 HowNet 和基因表达式编程（GEP）的可拓策略生成方法与系统。前者利用 HowNet 的知识库可以辅助解决现有策略生成系统由于知识存储模块中知识不足致使生成策略困难的问题，提高了策略生成的智能化水平[15]；后者着力于构建一种高效的可拓变换运算式的自组织生成机制，从而有效避免在可拓策略生成的过程中因可拓变换的类型和数量繁多而引起的计算量的组合爆炸，提高可拓策略生成的效率和智能化水平[16]。

本章将简要介绍可拓策略生成方法和可拓策略生成系统（ESGS）的研究概况。

2.2 可拓策略生成的一般方法

要用形式化、定量化的方法解决不相容问题，必须研究从建模、判断、拓展、变换、评价，直至获得解决问题的策略的方法，综合形成解决不相容问题的可拓策略生成方法[6, 17]。简要介绍如下。

2.2.1 问题的形式化界定方法

任何问题都是由目标和条件构成的。根据基元理论，可以将问题的目标 $\boldsymbol{G}$ 和条件 $\boldsymbol{L}$ 用多维基元（对象，特征列，量值列）形式化表示为

$$\boldsymbol{G}=\begin{bmatrix} O'_{\mathrm{G}} & c'_{\mathrm{G1}} & v_{\mathrm{G1}} \\ & c'_{\mathrm{G2}} & v_{\mathrm{G2}} \\ & \vdots & \vdots \\ & c'_{\mathrm{Gm}} & v_{\mathrm{Gm}} \end{bmatrix},\ \boldsymbol{L}=\begin{bmatrix} O'_{\mathrm{L}} & c'_{\mathrm{L1}} & v_{\mathrm{L1}} \\ & c'_{\mathrm{L2}} & v_{\mathrm{L2}} \\ & \vdots & \vdots \\ & c'_{\mathrm{Ln}} & v_{\mathrm{Ln}} \end{bmatrix}$$

并建立原问题的可拓模型为 $\boldsymbol{P}=\boldsymbol{G}\times\boldsymbol{L}$。复杂问题的目标有时需要用复合元（基元的复合）形式化表示。

根据具体问题的要求，选取原问题的评价特征 c_{0i}，并设 c_{0si} 为问题所

涉及的任一对象 Z 需要的特征，c_{0ti} 为问题所涉及的原对象 Z_0 提供的特征，量值为 v_{0i}，记

$$\boldsymbol{G}_0=\begin{bmatrix} Z, & c'_{0s1} & v_{01} \\ & c'_{0s2} & v_{02} \\ & \vdots & \vdots \\ & c'_{0sr} & v_{0r} \end{bmatrix}, \boldsymbol{L}_0=\begin{bmatrix} Z_{0,} & c'_{0t1} & v_{01} \\ & c'_{0t2} & v_{02} \\ & \vdots & \vdots \\ & c'_{0tr} & v_{0r} \end{bmatrix}$$

从而建立原问题的核问题的可拓模型 $\boldsymbol{P}_0=\boldsymbol{G}_0 \times \boldsymbol{L}_0$。

2.2.2　问题相容性的判断方法

针对核问题中的评价特征，若是单评价特征问题，则直接根据评价特征的性质选择利用相应的关联函数建立相容度函数 $K(G_0, L_0)$，判断问题的相容性；若是多评价特征问题，则需要根据评价特征之间的关系，选择利用多维关联函数或综合关联函数建立相容度函数 $K(G_0, L_0)$，进而判断问题的相容性。

若 $K(G_0, L_0) > 0$，则说明原问题是相容问题；若 $K(G_0, L_0) < 0$，则说明原问题是不相容问题；若 $K(G_0, L_0) = 0$，则说明原问题是临界问题。

2.2.3　问题相关度的计算方法

对于不相容问题，再利用 HowNet（知网）中的词语相似度的计算方法，改进词语相关度，建立基元相关度，进而建立目标相关度和条件相关度，形成问题相关度的计算方法，用于判断不相容问题与问题库中已解决的不相容问题的相关程度[18]。若相关度达到规定的阈值，则直接采取已解决问题的策略解决该不相容问题，认为找到解决不相容问题的策略；若相关度达不到规定的阈值，则认为未找到解决不相容问题的策略，需要继续对问题利用下面的方法获得策略。

2.2.4　拓展分析方法与共轭分析方法

拓展分析方法与共轭分析方法都是提供解决不相容问题的多种思路的形式化方法。首先根据实际问题，判断目标基元和条件基元哪个不能改变，然后对可以改变的基元进行分析，以获得解决不相容问题的多种途径。

（1）若目标基元不能改变，则选择对条件基元进行拓展分析或共轭分析，从而形成相关树、发散树或共轭对。依次进行如下步骤：

*选择相关分析，建立条件基元的相关树（网）；

*对条件相关树（网）的叶基元进行发散分析，获得发散树；如果是物元，还可进行共轭分析，即从虚实、软硬、潜显、负正等方面对物元进行分析。

（2）若条件基元不能变，则选对目标基元进行拓展分析或共轭分析，从而形成蕴含系、相关树或共轭对。

此外，也可先对目标进行发散分析，通过可拓变换形成新的目标，若新目标蕴含原目标，且新目标与原条件相容，则问题解决。

（3）若目标和条件都需进行分析，则先执行（1）再执行（2），合并建立问题的相关—蕴含树。

2.2.5 可拓变换及其筛选方法

可拓变换方法是化解不相容问题的工具，包括基本变换方法、变换的运算方法、传导变换方法等。

在上述拓展分析或共轭分析所获得的叶基元集中，选择实施可拓变换或可拓变换的运算。以对条件的拓展分析为例，对问题的条件相关树的树叶实施可拓变换后，会形成可拓变换蕴含系。通过传导变换，会使原问题的相容度发生变化。使问题的相容度从 $K_0(P_0)=K(G_0,L_0)<0$ 变为 $T_K K(G_0,T_{lg},L_0)=K'(G_0,L'_0)>0$ 的可拓变换或可拓变换的运算式，即为解决原不相容问题的可拓策略。

对问题的目标蕴含系的最下位目标，首先要考虑在原条件下这些目标是否能实现，若能，则问题解决；否则，还要对条件进行拓展分析与可拓变换，考虑在新条件下这些目标是否能实现。

由于可拓变换的方式有很多，而且其中很多不是可拓策略，这一过程可能会发生计算量的组合爆炸，因此必须研究可拓变换的筛选问题。本书参考文献[16]提出了采用 GEP 方法，以启发式迭代的方式来实现可拓变换运算式的自组织构建。为了使 GEP 方法与上述应用需求相匹配，参考文献[16]对 GEP 的染色体结构、解码方式、个体选择机制和收敛准则重新进行了研究。该方法能够有效避免组合爆炸的发生，提升可拓策略生成的效率，在复杂不相容问题求解方面具有很大潜力。

2.2.6　可拓策略的优度评价方法

利用上述方法，可以获得很多解决不相容问题的可拓策略，需要根据原问题的要求选取衡量指标，建立衡量指标体系及各衡量指标的关联函数，然后选择相应的优度评价方法对所有的可拓策略进行评价选优，从而获得解决该不相容问题的较优可拓策略。

根据衡量指标体系的不同，优度评价方法包括一级优度评价方法和多级优度评价方法[7]。

2.3　可拓策略生成系统

可拓策略生成系统（ESGS）是把可拓策略生成方法和现有的人工智能技术、数据库技术、可视化技术、面向对象技术等相结合，用计算机模仿人类发现问题—分析问题—生成解决问题的策略的过程，以帮助人们获得解决不相容问题的可拓策略的软件系统，是可拓策略生成方法的软件化。

2.3.1　ESGS 的主要功能模块

ESGS 的结构主要包括如下模块：基础数据库、问题可拓模型模块、问题相关度计算与判断模块、不相容问题模块、知识存储模块、可拓变换及其筛选模块、优度评价模块、可拓策略库等。其框架结构如图 2–1 所示。

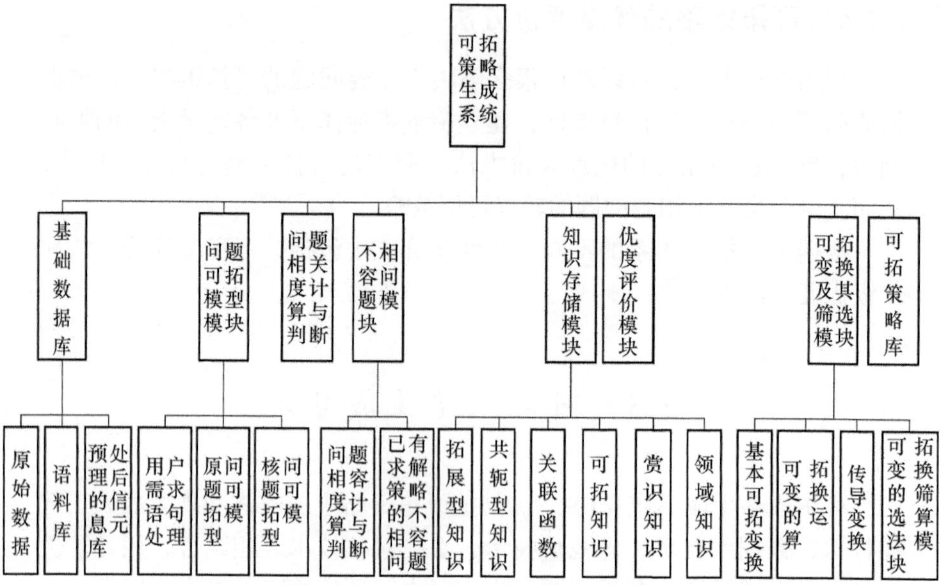

图 2–1　可拓策略生成系统框架结构图

1. 基础数据库

基础数据库是实现策略生成的基础，存放各种物、事、关系等原始数据和语料数据，以及按照“可拓信息—知识—策略形式化体系”的规范，经过预处理后的各种信息元，需要根据不相容问题所涉及的领域分类进行构建。

2. 问题可拓模型模块

该模块包括用户需求语句处理模块 [19]、原问题的可拓模型模块和核问题的可拓模型模块。

要有效地解决不相容问题，必须根据实际问题准确地建立其可拓模型。建立问题可拓模型有如下 3 种方法：

（1）早期研究的 ESGS 一般靠用户在固定界面输入参数来建立可拓模型，减少自然语言理解困难。但当参数较多时，系统界面的设计难以重复利用。

（2）针对需要解决的实际问题，首先根据“可拓信息 – 知识 – 策略形式化体系”的规范，结合人机交互和 HowNet 的 KDML，形式化表示原问题的目标和条件，建立原问题的可拓模型，根据原问题目标的要求和条件的限制，再通过人机交互抽象出核问题的可拓模型 [20]。

（3）在智能 Agent 引导技术基础上，利用信息抽取技术，从用户输入的需求语句出发，通过对用户需求语句的预处理、组块分析、分类、量值提取、模型填充，从而自动建立原问题的可拓模型，再通过人机交互选取评价特征，进而建立核问题的可拓模型 [21]。

3. 问题的相关度计算与判断模块

该模块用于对需要解决的问题进行问题的相关度计算，并判断与不相容问题库中已解决的不相容问题的相关程度。

4. 不相容问题模块

该模块用于对需要解决的问题的相容度进行计算与判断，并存储已有求解策略的不相容问题。

5. 知识存储模块

该模块是实现策略生成的重要部分，主要包括：拓展型知识、共轭型知识、关联函数、可拓知识、常识知识、其他领域知识等模块。

拓展型知识和共轭型知识都源于领域知识，需要针对不同的领域，根据“可拓信息—知识—策略的形式化体系”构建；关联函数模块中存储着各种类型的关联函数及各种综合关联函数，建立问题相容度函数时可以调用其中的关联函数；基于可拓变换的各种可拓知识，都存储在可拓知识模块中。常识知识和部分领域知识除了来源于问题所涉及的领域，还可以从 HowNet 的知识库中获取，HowNet 本身就是一个具有语义的通识知识库，可以借助其中义原及其语义关系的表达方式，对基元的结构进行重新构造，利用 KDML 语言（知识系统描述语言）和基元、复合元的对应关系，转化为基元、复合元形式及它们的运算式形式，从而作为解决不相容问题的知识基础。还有一些其他类型的可拓知识，需要利用基于知识库的可拓数据挖掘方法获取。这就为解决不相容问题提供了多种路径。

6. 可拓变换及其筛选模块

该模块中有很多类型的变换，包括基本可拓变换、可拓变换的运算及传导变换，变换的选择和筛选决定了策略生成的有效性和效率。目前主要有两种处理方法：

（1）根据不相容问题的目标和条件中产生不相容的特征的相应量值的差异，选择变换的类型，且实施变换后马上利用相容度函数度量是否是有效变换；还要根据具体问题预设阈值、相关度、评价特征及其评价函数，以便在可拓变换模块中选择变换时，既能保证生成的解决不相容问题的有效策略足够多，又能避免组合爆炸问题的发生。

（2）对于复杂不相容问题，可拓变换的实施与变换的结果之间可能呈现一定的黑箱性，导致难以采用（1）中的方式选择变换的类型。在此种情况下，利用 GEP 方法，以由变换的对象拓展出的基元和基本可拓变换及其运算分别建立终点符号集合和函数符号集合，通过启发式迭代的方式来实现可拓变换运算式的自组织构建。

7. 优度评价模块

优度评价模块中存储着各种评价特征及其量值域，针对要解决的实际问题的不同评价特征，可以调用关联函数模块中的关联函数和综合关联函数，计算综合优度。

8. 可拓策略库

可拓策略库中存放各种已解决的不相容问题的解决策略，当以后再遇到不相容问题时，可以首先利用文献 [18] 建立的问题相关度计算方法，与问题模块中的已解决的问题进行比对，如果有相关度达到一定阈值的问题，则可直接到可拓策略库查询对应的问题所采取的解决策略，如果可用，则获得解决该不相容问题的可拓策略，否则，再进行策略生成的全过程，并把获得的可拓策略存入其中。

2.3.2 应用 ESGS 求解不相容问题的一般步骤

应用 ESGS 求解不相容问题的一般步骤如图 2–2 所示。基于 HowNet 的 ESGS 的一般步骤参见文献 [15]。

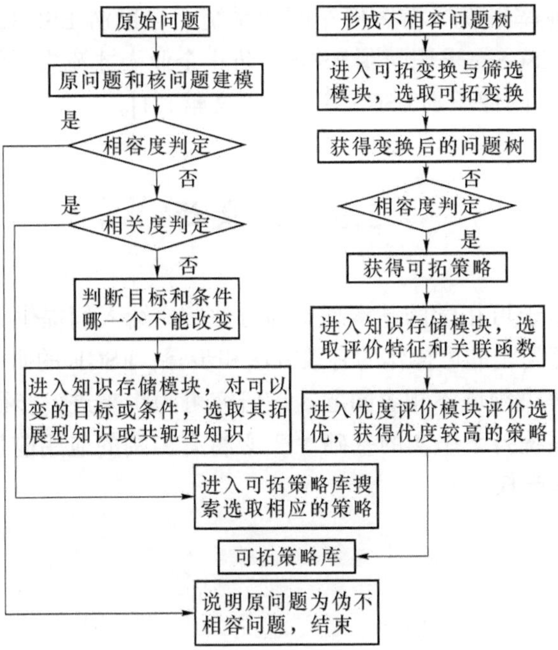

图 2-2　应用 ESGS 求解不相容问题的一般步骤

2.3.3　ESGS 的软件架构

目前已有的对 ESGS 软件架构的研究，主要有基于构件的 ESGS 实现方法、策略生成系统正交软件体系结构、利用面向方面软件开发改善开发过程、不相容问题策略生成的通用框架、结合 HowNet 的 ESGS 研制、基于 WebService 架构的 ESGS 等方法[20]。

2.4　ESGS 软件研制情况

通过近年对可拓策略生成系统的基础理论和方法的系统研究，已逐步摸索到进行可拓策略生成系统研究的基本思路，开发了多个解决具体领域不相容问题的可拓策略生成系统。

针对不同领域的矛盾问题，研究人员实现了不同的策略生成系统。目前实现的 ESGS 有：房地产营销优化系统、防治空气污染系统、提高毕业生就业率系统、游客停车问题系统、自助游 ESGS、大坝安全的 ESGS、租房 ESGS、求职问题 ESGS、防止企业人才流失系统、提高客户价值的 ESGS、图像识别 ESGS 等，详见文献 [21]。

2.5 结束语

本研究基于可拓学的基本理论与方法[3]，给人们提供了形式化定量化解决不相容问题的可操作的有效方法和步骤，ESGE 的研究与开发，可以辅助人们解决领域不相容问题。该研究可为将来进一步研制矛盾问题智能化处理系统打下坚实的基础[22]，必将有广阔的应用前景，且具有鲜明的自主知识产权。

第 3 章　基于可拓学的数据挖掘研究与应用

3.1　引言

数据挖掘自 20 世纪 80 年代中期提出以来，得到了迅速的发展，它能够在海量的数据中快速地寻找到一些十分有价值、有意义的数据间的特定关系并产生新的知识。然而，现有的数据挖掘技术没有充分考虑从变换的角度挖掘有关变换的作用的知识。在各个领域中，要真正实现智能化，必须研究处理矛盾问题的理论与方法及其计算机实现技术。对“变换”的研究是解决矛盾问题的关键，若能了解某个变换在实施以后会对其所涉及的对象产生怎样的作用效果，则可为未来处理矛盾问题提供重要依据。在现代社会中，各行各业积累了大量的数据，如何从这些数据中挖掘出上述关于变换的知识，是数据挖掘领域的重要课题。

可拓数据挖掘 [23] 是数据挖掘和可拓学相结合的产物，研究如何从已有数据库和知识库中获取变换和变换对数据变化的作用的有关知识，包括可拓分类知识、变换的传导知识、以及基于知识库的其他有关变换的知识，统称为可拓知识。广东工业大学杨春燕教授团队于 2006 年首次提出可拓数据挖掘的概念，自承接国家自然科学基金项目“获取变换知识的可拓数据挖掘理论、方法及其实证研究”（70671031）起，开始研究建立可拓数据挖掘的基础理论与方法，于 2008 年出版专著《可拓集与可拓数据挖掘》[23]，2010 年出版专著“可拓数据挖掘方法及其计算机实现”[24]，并于 2012 年主持完成广东省自然科学基金项目“基于可拓数据挖掘的客户价值研究”（10151009001000044）。近年来，可拓数据挖掘的研究成果层出不穷，国内一些学者先后承接了若干个有关可拓数据挖掘的国家自然科学基金项目，如“领域知识驱动的深层知识发现研究”

（71071151），“面向可拓建筑策划与设计的可拓数据挖掘理论及其方法研究”（51178132），“可拓支持向量机理论、方法与应用研究”（61472390）等，目前已初步形成了可拓知识获取的基本理论与方法[25-26]，并取得了一系列应用成果[27-30]。本章的 3.2 ~ 3.4 节将介绍可拓知识获取方面的主要研究成果。

在国家自然科学基金委创新研究群体科学基金项目“数据挖掘与智能知识管理：理论与应用研究”（70621001）、国家自然科学基金面上项目“数据挖掘获取的知识的智能化管理研究”（70871111）和“领域知识驱动的深层知识发现研究”（71071151）、“基于领域知识和链路预测的个性化推荐研究”（71471169）等支持下，也对可拓学与智能知识管理的结合进行了深入研究。引入可拓学理论等研究数据挖掘得到的知识如何进一步加工、利用，使之智能化将是研究的热点。该交叉研究既有助于完善数据挖掘理论，又可以为推动企业成功实施数据挖掘提供有力的策略指导，扩大数据挖掘的应用范围和决策质量，具有重要的理论和现实意义。本章 3.5 节将介绍基于可拓学的智能知识挖掘算法、技术与管理。

此外，可拓学也带动了诸如模式识别、神经网络等研究领域的发展，提出了可拓模式识别与可拓神经网络，本章的 3.6 与 3.7 节将对这些研究成果做逐一介绍。

3.2 可拓分类知识获取

分类，是处理问题的前提。最简单的分类是把所考虑的对象分为“是”与“非”两类。康托（Cantor）集正是这种分类的形式化描述。但在客观世界中，事物的类别会随着变换而改变。在一定变换下，某些事物具有某种性质的程度会产生量变或质变。量变的结果是使该事物某些特征的量值产生变化，而事物仍属于原来的类；质变的结果是使事物从某类变为不属于该类，或者从不属于某类转化到该类中。以康托集和模糊集为基础的分类方法研究了对事物进行静态分类，但在现实生活中，大量的分类是变化的。因此，必须研究客观世界中分类的变化和变化的分类。而表述这种分类的就是以可拓集为基础的可拓分类方法。

在数据库的大量信息元中，有的通过某一变换，能从不具有某些性质或不符合某些要求变为具有这些性质或符合这些要求的信息元。这些信息元和相应的变换就成为给定的矛盾问题的解。而有的信息元，通过该变换后，依然不具有那些性质或不符合要求，这些信息元和相应的变换就不能作为该矛盾问题的解。相反，有的信息元通过变换，会从具有某些性质或符合某些要求而变为不具有这些性质或不符合这些要求。由于仅分为“是”与“非”两类或加上“是”与“非”的程度的康托集和模糊集未能对这种变化的分类进行表述，因此，必须利用描述事物性质变化的可拓集来表达这种变化的分类。

变换导致分类结论的变化有量变，也有质变。因此，挖掘这些知识相应有两种类型：

1. 挖掘关于质变的知识

某变换实施后，可拓分类结论从可拓分类的这一类变到另一类称为质变。我们要研究如何从数据库中挖掘该变换导致可拓分类的结论产生质变的知识。

2. 挖掘关于量变的知识

有的信息元经过变换，负域的信息元仍保持在负域中。正域的信息元仍在正域中，只是量值产生变化。我们要研究如何从数据库中挖掘变换导致评价信息的特征值增加或减少而不产生质变的量变知识。

可拓分类正是利用可拓集的思想对事物进行的一种变化的分类。这种分类不是简单地把信息元域分为“属于”和“不属于”两类，而是分为五类：产生正质变的类、产生负质变的类、产生正量变的类、产生负量变的类和临界类。可拓分类方法可以把变换对信息元的作用用形式化和定量化的方法加以描述。而从数据库中获得“什么样的信息元属于正质变域、负质变域、正量变域，负量变域和拓界的规则”就是可拓分类知识。它们为选择解决矛盾问题的可拓变换提供了依据。

3.3　传导知识获取

由于事物之间存在各种各样的联系，根据传导变换，对某一事物的变换，会导致与其相关的其他事物发生变化。对某一特征的量值的变换，会导致其他某些特征的量值改变，这些变化都会反映在数据库的记录中。研究从数据库中挖掘传导知识是可拓数据挖掘的另一重要内容，包括如下几个方面：（1）关于传导对象和传导特征的知识；（2）关于传导程度的知识；（3）变换关于同对象信息元或同特征信息元的传导知识；（4）关于传导信息元的量变或质变的知识。

3.4 基于知识库的可拓知识获取

在实际工作中，还有另外一类问题，那就是如何从已有知识中，找到有用的新知识。从已有知识挖掘可拓知识的方法也是可拓数据挖掘要研究的内容。

3.4.1 拓展型可拓知识获取

可拓学采用拓展推理来获取解决矛盾问题的多种途径。这一过程涉及多种拓展型知识，包括发散型知识、相关型知识、蕴含型知识和可扩型知识等，对这些知识的前件实施可拓变换，根据拓展推理规则以及传导推理规则，可得相应的可拓知识。以发散型知识为例，若对知识（O，c，v）$\dashv$（O_i，c_j，v_k）的前件实施某一主动可拓变换 φ，

$$\varphi(O,\ c,\ v)=(O',\ c',\ v')$$

根据不同的发散规则，若有传导变换 T_ϕ，使

$$T_\phi(O_i,\ c_j,\ v_A)=(O'_i,\ c'_j,\ v'_A)$$

则该发散型知识的可拓知识为

$$((O,\ c,\ v)\dashv(O_i,\ c_j,\ v_A))\wedge(\varphi(O,\ c,\ v)=(O',\ c',\ v'))$$
$$\Rightarrow(e)(T_\phi(O_i,\ c_j,\ v_A)=(O'_i,\ c'_j,\ v'_A))$$

其中 e 为所依据的发散规则。相关型、蕴含型和可扩型可拓知识也可类似地获取，具体过程详见文献 [24]，这里不加赘述。

3.4.2 从知识库中获取可拓知识的理论基础

可拓数据挖掘是在数据挖掘获得的静态知识的基础上，通过可拓变换，获取变化知识，即含可拓变换的规则知识，或可拓变换与相应的传导变换之间的规则知识。从这一角度出发，黄金才和陈文伟[25]证明了两个可拓数据挖掘定理，为从知识库中获取可拓知识奠定了理论基础。

定理 1：给定规则

$$I_1 \Rightarrow I_2, \ I_3 \Rightarrow I_4$$

若存在条件的可拓变换 T_1：

$$T_1 \ I_1 = I_3$$

并存在结论的可拓变换 ${}_{I_1}T_{I_2}$ 使：

$${}_{I_1}T_{I_2} \ I_2 = I_4$$

也即有可拓变换的规则知识

$$(T_{I_1} \ I_1 = I_3) \Rightarrow ({}_{I_1}T_{I_2} \ I_2 = I_4)$$

成立，即：

$$\text{If } (T_{I_1} \ I_1 = I_3) \text{ then } ({}_{I_1}T_{I_2} \ I_2 = I_4)$$

定理 2：对于两条同类规则

$$I_1 \Rightarrow I_2, \ I_3 \wedge I_4 \Rightarrow I_2$$

若存在可拓变换 $\varphi I_3 = I_1$，则成立可拓变换规则知识

$$(\varphi I_3 = I_1) \Rightarrow I_2$$

即：

$$\text{If } (\varphi I_3 = I_1) \text{ then } I_2$$

3.4.3 基于决策树知识的可拓知识获取

决策树对于分类和预测是强有力的常用工具，由决策树获得的规则称为决策树知识，这些知识可以作为进一步获取可拓知识的基础。文献 [24] 提出了基于决策树的可拓分类知识获取方法。该方法首先利用递推的基本思想构造决策树，从中提取规则模式，并对得到的数据模式进行评估，得到规则知识，然后以此规则知识库为基础，分析面对的矛盾问题，通过实施可拓变换，获取使矛盾问题转化的可拓知识，以提供决策支持。参考文献 [26] 在此基础上采用多准则线性规划（Multiple Criteria Linear Programming，MCLP）方法来提升决策树从复杂数据中获取规则知识的能力，然后对这些规则实施可拓变换，进而获取可拓知识。

3.5 智能知识的挖掘算法、技术与管理

数据挖掘获取的知识是将隐藏在数据库和互联网中的规律，通过深

入挖掘分析而得到的，它很难用显性知识或隐性知识来描述其特征。为此，将处理矛盾问题的可拓学理论与知识管理和数据挖掘相结合，形成智能知识管理新的研究方向。

目前的相关研究大多关注数据挖掘算法的精确性，对数据挖掘产生结果的深层次处理不够，且很少能让用户和已有知识真正参与到知识发现中，增加了发现可拓变换知识的难度。因此将用户的领域知识融入数据挖掘系统中进行深层次挖掘获得智能知识是一个重要研究的问题。

3.5.1 转化规则挖掘方法

转化规则挖掘是在决策树分类规则的基础上，结合可拓集理论，对规则做可拓变换的挖掘，以便获取类别转化的策略[31]。转化规则挖掘的可拓论基础包括：（1）拓展分析理论：任何事物都存在变化发展的可能性；（2）可拓变换理论：通过一定的变换，事物的性质会发生变化；（3）可拓集理论：反映事物性质的转化及定量化表达转化的程度。

其获取转化规则的挖掘算法及实现步骤为：（1）读入原规则集；（2）规则集预处理；（3）设定挖掘参数；（4）规则挖掘；（5）规则评价指标计算：为评价可拓规则的实用性和新颖性，分别计算准确率、预期转化率、支持度和可信度等指标；（6）显示结果报告。

3.5.2 基于多目标线性规划的二次挖掘方法

通过深入分析数据挖掘得到的“hidden pattern”，可以获得直接支持决策的智能知识。在数据挖掘之后的二次知识发现中进行可转化挖掘。该算法运用了多目标线性规划模型（MCLP 模型）作为分类模型来实现第一阶段的数据挖掘工作[32]。

3.5.3 智能知识管理系统设计技术

智能知识管理系统由数据抽取层、算法与技术实现层和应用层（包括战略管理层、运营管理层和业务处理层）三大部分组成。数据抽取层从智能集合的角度选取用于挖掘的数据集，挖掘过程在算法与技术实现层完成，应用层在管理层面利用挖掘的结果辅助决策，并产生下一轮的数据挖掘商业目标[33-35]。

3.5.4　知识可拓优化技术

知识可拓优化是以集成泛在社会化知识系统中的“物”和“事”的知识事物元可拓模型为基础，构建可拓知识空间和可拓知识超网络，结合机器学习、统计学等理论和方法，通过知识可拓自分类、自聚类和自识别等知识可拓优化方法，实现泛在社会化知识系统中知识的自优化与自组织，形成相应的可拓知识优化集。通过知识可拓优化实现泛在社会化知识系统中知识的优化重组，使其具备智能自优化和自组织特性，使泛在社会化知识系统中知识的增加自动实现从无序到有序，从动态到稳态的演化，从而从全局和系统层面为高质量、有效率和个性化的人本化知识服务奠定坚实基础。

知识可拓优化主要包括知识可拓自分类优化、知识可拓自聚类优化和知识可拓自识别优化等，它们分别建立在知识事物元可拓模型、可拓知识空间模型和可拓知识超网络模型基础上。

针对大数据化知识所表现出的数量庞大且继续急剧增长、垃圾知识涌现、知识的可信度和可靠性急剧降低以及知识的价值性稀疏等特点，知识可拓优化以可拓学的基元模型为基础，在构建泛在社会化知识系统中知识事物元可拓模型及其派生的知识可拓空间模型和知识可拓超网络模型基础上，通过知识的可拓自分类优化、可拓自聚类优化和可拓自识别优化，实现泛在社会化知识系统中知识的有序化、自组织和自优化的演化和增长。

3.6　可拓模式识别

模式识别自 20 世纪 60 年代提出以来发展很快，已经建立了基本理论、方法和技术，在指纹、基因、人脸、语音、文字、可见光、雷达、红外图像识别等方面取得了辉煌成绩，在生物、医学、军事上已有许多成功应用。然而到现在为止，模式识别的理论和技术都远未完善，很多课题有待人们去研究。例如，在模式识别领域，事物可拓性识别（模式状态隐性特征检测、模式状态形成机理识别、模式状态可能的矛盾变化识别、在不同的视觉、听觉或触觉方式（角度）下模式的矛盾状态识别等）几乎没有研究。

可拓模式识别主要针对解决像“某类人是否会患某种疾病的识别问题”“某类产品是不合格产品是否能转化为合格产品的识别问题”“矛盾图像识别问题”等矛盾识别问题而提出的。可拓模式识别是同时识别模式的状态和可拓状态（或称该模式的矛盾状态）的理论、方法和技术，主要内容包括给出可拓模式论域、模式预处理技术、模式可拓特征提取或模式基元选择方法、模式可拓分类和可拓结构（结构状态和结构可能的矛盾状态）描述方法（或技术），开发建立机器使机器能对模式进行分类或给出模式的特征信息解释、描述[36–38]。

如图 3–1 所示是一个可拓模式识别系统的简单框图，它由预处理、特征或模式基元的抽取和选择，以及可拓识别三大部分组成。

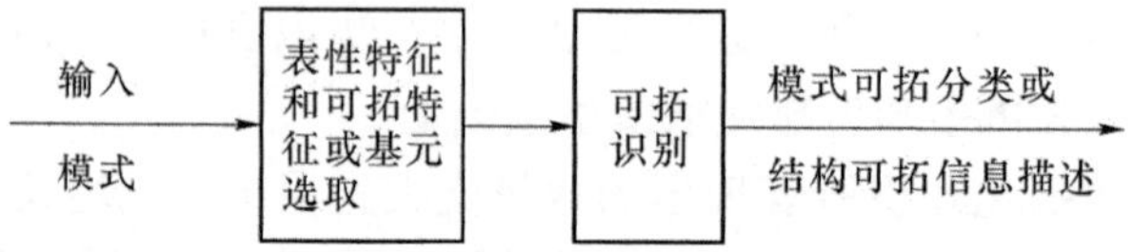

图 3–1 “可拓模式识别”系统方案

可拓模式识别主要有两种方法，即可拓决策论方法（统计方法）和可拓结构（句法）方法。可拓决策论模式识别方法在可拓模式识别中对应于传统决策论模式识别方法，也称为由预处理、表性特征和可拓特征的抽取，以及可拓识别（模式可拓分类）三大部分组成的模式识别方法。可拓结构模式识别方法在可拓模式识别中对应于传统结构模式识别方法，也称为由预处理、表性基元和可拓基元选择，以及结构可拓识别（结构可拓信息描述）三大部分组成的模式识别方法。许多具体的可拓模式识别方法都可以归结到这两种方法中来[37]。

可拓模式识别的目的就是用机器去完成人类智能中通过视觉、听觉、触觉等感官去识别外界环境特征（包括可拓特征）的那些工作。由此我们相信，它将在生物、医学、军事上大有作为。

3.7　可拓神经网络

可拓学与神经网络的结合最早由刘巍教授在 1995 年提出[39]，定义了物元神经网络，阐明了可拓神经网络研究的可行性。随后，蔡国梁等于 1998 年发表了“可拓学与人工神经网络”的论文[40]，对可拓神经网络的结构进行了初步研究。这些前期工作对未来可拓神经网络的发展起到启蒙的作用。近年来，伴随着可拓学理论自身的发展与完善，可拓神经网络的研究也逐渐丰富起来，成为一个新的研究热点，并在分类聚类、图像识别、模式识别、故障诊断、交通控制等方面[41-55]得到应用，取得很好的效果。

3.7.1　可拓神经网络的基本思想

可拓学理论与神经网络都与研究人脑思维过程有关，从人工智能的角度看都是智能的描述和模拟，它们之间有内在的联系，但各自的描述方式又有所不同。若能将可拓学理论与神经网络相结合，吸取两者的长处，则可组成比单独的神经网络系统性能更好的可拓神经网络系统，同时可拓神经网络的研究也必将丰富和发展传统的神经网络技术，为智能计算提供一种新的方法和手段。

把可拓学理论与神经网络结合而形成的神经网络称为可拓神经网络。可拓神经网络是一类新的神经网络，由于不同的研究者对可拓神经网络研究的侧重点不同，所以不同的可拓神经网络在拓扑结构、学习规则、算法、神经元的信息处理特征以及所处理问题的目的也有所不同，所以目前很难对可拓神经网络下一个确定的定义，但其主要思想是：可拓神经网络是把可拓学理论中“基元模型”“可拓距”“位值”“关联函数”“可拓域”“菱形思维”等概念巧妙地引入到神经网络技术，使得其在处理某一类问题较之传统神经网络方法更具有优越性。

3.7.2　可拓神经网络的类型与算法分析

按照可拓神经网络的神经元互联方式进行划分，将可拓神经网络划分为单权连接的可拓神经网络、双权连接的可拓神经网络以及单双权混合连接的可拓神经网络三种类型。

1. 单权连接可拓神经网络

如图 3-2 所示为一般的单权连接的可拓神经网络结构。可拓神经网络由可拓神经元相互连接而构成一个单层或多层的网络拓扑结构。它通过物元输入层从外部取得信息，经过网络内部运算（物元变换、可拓集、关联函数的运算等）后，得到输出集传递到网络外部。

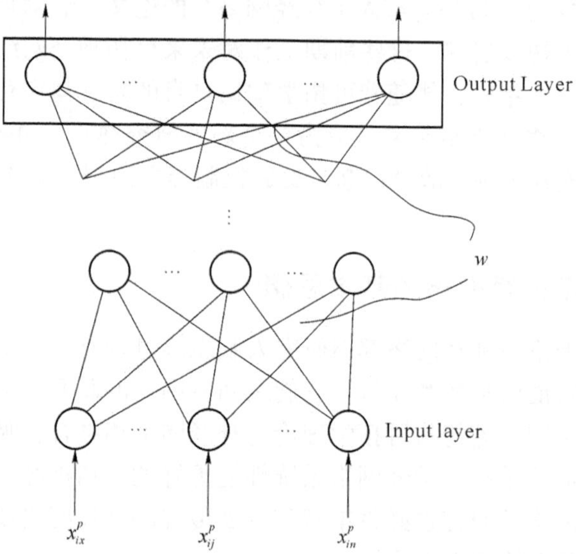

图 3-2 单权连接可拓神经网络的拓扑结构

该类结构的可拓神经网络的学习机制是：以基元的可拓展性和关联函数为网络学习的基础，使网络收敛于预期的标准样本。这类网络的结构与 BP 网络的结构类似，学习算法大都是基于误差反向传播学习算法的基础之上，所不同的是应用的可拓学理论和方法不同。

虽然该种结构的可拓神经网络的学习算法仍然是基于误差反向传播学习算法的，但由于引入了可拓学中的工具，使得该类网络解决了一些通常方法难以解决的问题。但也同时可以发现，该类型网络在实际应用中，网络的结构设计没有统一、有效的方法，实际设计起来比较困难，而针对实际问题的需要进行关联函数的描述更是一个非常困难的问题，这也导致该类网络的通用性不强。

2. 双权连接可拓神经网络

现实世界中存在大量基于区间的分类与聚类问题，即待分类对象的特征值是在一个有限的范围之内的，针对该问题，M.H. Wang，C.P. Hung[41, 42] 提出了一种双权连接的可拓神经网络结构，如图 3–3 所示。

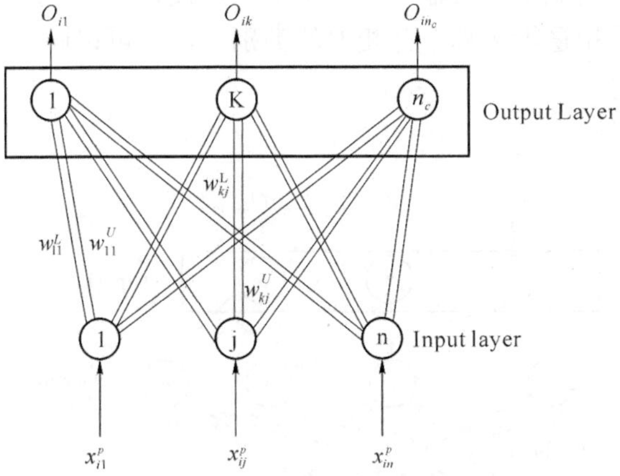

图 3–3　双权连接的可拓神经网络

该网络对特征向量是基于区间的分类、聚类和识别效果显著。该网络结构简单、权值的意义清晰明了，网络设计有一定的方法可循。该网络由输入层和输出层组成，输入层结点接收输入模式，其结点个数由输入特征向量的特征个数决定。输出层是产生分类的结果，其结点个数是由类别数决定。输入层和输出层之间采用双权重连接方式。其中一个代表着某一特征经典域的下限值，另外一个代表着某一特征经典域的上限值。连接输入层第 j 个结点和输出层第 k 个结点的两个权值分别用 w_{kj}^{L} 和 w_{kj}^{U} 表示，其中 L 表示下限，U 表示上限。

该类结构的可拓神经网络的学习思想是：利用可拓模型确定连接输入 / 输出的初始权值，利用改进的可拓距作为测度工具，如下式：

$$ED=\frac{[x-z]-（w^{u}-w^{L}）/2}{[（w^{u}-w^{L}）/2]}+1$$

用来判别待测物体与距离中心的相似程度。双权连接的可拓神经网络的学习方式有两种，分别是有监督学习和非监督学习。

3. 单双权混合连接可拓神经网络

文献[48]提出一种混合连接可拓神经网络，如图 3–4 所示。该网络由三层组成，分别是输入层、竞争层和输出层；输入层与竞争层之间采用双权连接。竞争层的作用是通过学习（监督学习或者非监督学习）进行聚类或分类。而竞争层与输出层采用单权连接，当聚类或分类过程收敛后，输出层采用逻辑运算合并相似的类别，从而可以同时解决非线性和线性分类问题。

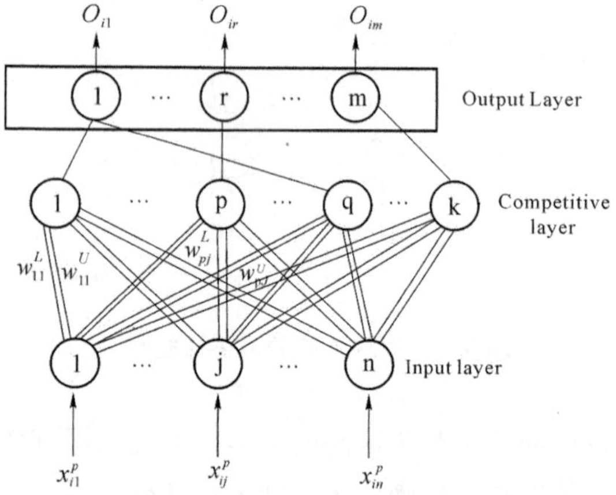

图 3–4　单双权混合联结的可拓神经网络

该类结构的可拓神经网络的学习思想是充分模拟人脑思考的特点。人脑对信息的处理有两种机制：右脑可对外界环境和信息进行快速的反映，如识别、联想等；左脑可以进行一定的数学计算、逻辑判断、分析等。通常，人脑在进行工作的时候，左脑和右脑是同时进行的。因此，该类网络的学习算法也就结合了监督学习和非监督学习两种方式。首先，利用非监督学习和可拓距来度量数据与各个类别的相似度，接着，利用逻辑操作对相似类别进行合并。

该算法结合了监督学习和非监督学习两种方式，分别对应网络学习的两个阶段。第一个阶段利用非监督学习在竞争层得到所划分的类别，具体非监督算法与上一部分的基本相同；第二个阶段是利用监督学习，根据竞争层与输出层的目标数据对相似类别进行组合，其中，竞争层与输出层的权值可以直接设置为 1，并且它们之间的连接是基于训练数据集的目标输出。输出层的作用如下式所示：

$$NET_r, =\sum W_{rp} O_p^C$$

$$O_r=\min（1, \mathrm{NET_r}）, r=1, 2, \cdots, m$$

如果聚类过程并不完全正确或者对聚类结果不满意，可以通过减少距离参数阈值，重复进行非监督学习算法，从而产生更多的子类。

3.8　应用研究成果

3.8.1　基于可拓数据挖掘的客户价值获取

随着信息技术和“以客户为中心”的经营模式发展，客户价值逐渐成为客户关系管理的核心；科学、全面地掌握和评估客户价值大小并采取有效的、正确的策略提升客户价值，成为企业有效管理客户资源和把握市场的关键，因此，利用数据挖掘技术处理海量的客户数据，根据客户价值理论对客户进行细分、客户流失预测等是客户价值领域研究的热点技术。由于现有的数据挖掘技术更多的是从静态数据中获取静态知识，忽略了变换对数据影响作用，故基于数据挖掘的客户价值分析系统不能挖掘变换作用的知识及变换导致客户价值变化的规律。为此，文献 [28] 将可拓数据挖掘技术应用到客户价值分析中，其内容包括：

（1）通过研究客户价值评价特征选取方法，实现了具备适用性、灵活性的客户价值评价体系；

（2）详细设计了基于可拓数据挖掘的客户价值分析软件架构、软件功能模块划分，通过采取动态库和数据转换服务以屏蔽底层数据，从信息元特征中提取客户价值评价指标，分析企业客户价值情况，实现了客户价值可拓分类知识、传导知识获取及挖掘结果可视化显示。

（3）基于某服装企业的客户数据，实施了客户价值可拓分类知识和传导知识的挖掘，相关结果表明，获取的知识对企业调整营销策略、采取差异化服务具有重要价值。

3.8.2 产品销售问题可拓分类知识挖掘

可拓分类知识是一种变化的分类知识，根据变换的不同，分类结果不同。这是一种非常重要的知识，企业可根据从客户数据库中挖掘出的这些知识，发现所实施或自然发生的变换的作用和效果，从而为今后的决策提供参考。参考文献 [24] 采用可拓分类知识获取方法，通过分析某企业客户在一次营销活动前后的购买模式以及价值属性的改变，挖掘该营销活动的作用，从而为未来制定恰当销售策略提供重要依据。

3.8.3 基于变换选择策略的可拓知识挖掘系统

为了实现从知识中挖掘基于变换的知识（即可拓知识）的功能，在可拓数据挖掘的理论和方法指导下，加入可拓变换的选择策略开发了基于变换选择策略的可拓知识挖掘系统。

该软件是基于 java 和 Eclipse 开发的软件，相对易于把握、成本也较低。利用决策树挖掘数据库中蕴含的知识，通过支持度和可信度对获取的知识进行评价。基于可拓变换挖掘知识的模式，加入策略变换选择机制，更为高效地获取可拓变换知识。

该软件是一个基于用户策略选择的软件，通过本系统能方便地实现蕴含知识的挖掘、查询是否为矛盾问题和给出优化的策略等，已于 2014 年获得软件著作权（登记号：2015SR079430）。

3.8.4 客户流失预防与转化策略获取系统

大数据时代，如何增加客户忠诚度、预防客户流失是一项重要工作。为此，浙江大学宁波理工学院李兴森教授团队利用可拓数据挖掘方法，开发了一套客户流失预防与转化策略获取系统（登记号：2012SR123895）。

该系统的主要功能：（1）提前 1 ~ 2 个月预测即将流失的客户，列出流失倾向性高的客户名单并分类；（2）对即将流失的客户的特征进行分析、解读；（3）通过可拓数据挖掘手段得到客户转化的具体措施。某公司利用该系统对大量的收费邮箱用户流失进行分析，将用户分为“正常用户、冻结用户和流失用户”，并预测用户流失类型，得到 200 余条规则，从中进一步挖掘出不同用户之间相互变换的策略，应用后该类客户流失率降低 46%。

3.8.5　可拓建筑策划与设计数据挖掘

可拓建筑策划数据挖掘[56–58]（Extension Architectural Program Data Mining，EAPDM）是可拓建筑策划与可拓数据挖掘两个学科的交叉研究，是在互联网时代背景下，为解决可拓建筑策划的拓展分析、可拓变换、智能化软件开发时面临的依据缺乏问题而提出的。EAPDM 研究的核心是首先构建可拓建筑策划数据库管理系统，将数据以对象—关系数据形式进行存储。以此为基础，一方面研究采用数据采集软件从互联网中定期地、自动地采集建筑策划数据，并运用图像分割、图像识别、语义标注技术对数据进行建筑语义标注的方法；另一方面研究运用本体、聚类、信息反馈技术智能地调用数据，并对项目策划的建筑性质、规模、类型、功能、空间和经济等指标进行特征归纳、类别预测和演变分析的方法。因此，该方法可看作是“数据采集→数据存储→智能查询→智能分析”的过程，如图 3-5 所示。

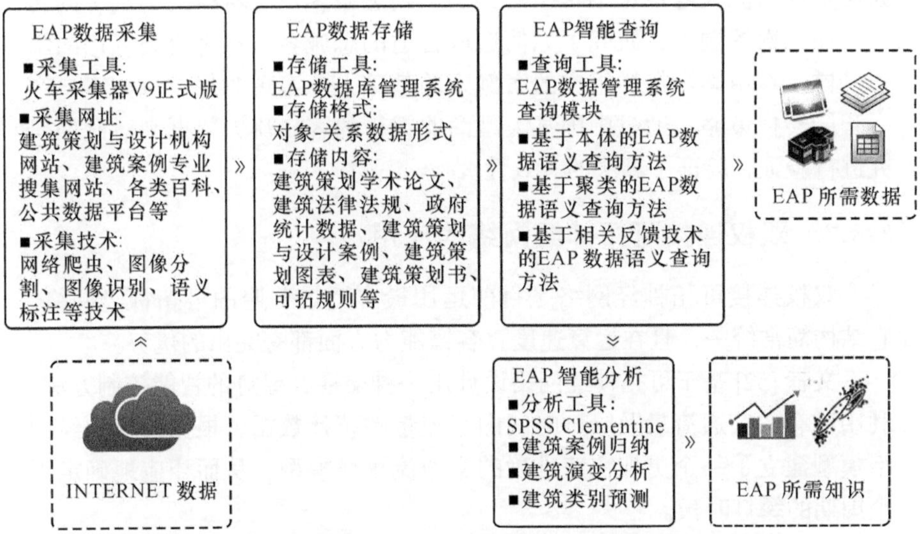

图 3-5　互联网背景下可拓建筑策划数据挖掘的总体框架

可拓建筑设计数据挖掘[59–63]是一套将人工智能技术应用于建筑设计领域的理论与方法体系，以广泛存在于互联网中的海量建筑设计数据为对象，借助智能化的数据获取、转化和分析方法，发现面向可拓建筑设计的动态知识，最终为可拓建筑设计解决矛盾、提升质量、实现创新提供科学、合理的支持，如图 3–6 所示。

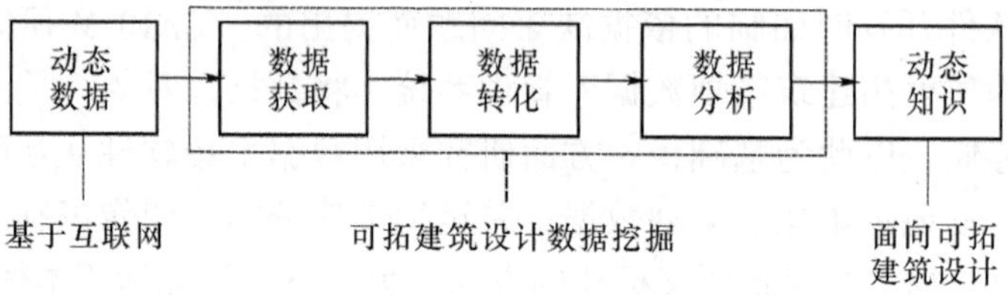

图 3–6　可拓建筑设计数据挖掘流程图

3.8.6　基于多目标线性规划的二次挖掘方法的应用

应用 3.6.2 提出的方法，文献 [35] 以信用卡客户流失管理为例，研究如何实现从流失客户（不希望的类别）到忠诚客户（希望的类别）的转化。在二次挖掘中，研究了如何选取合适的忠诚客户作为流失客户的学习榜样，在由学习榜样组成的案例库的基础上，实现对每位流失客户产生智能转换策略。通过中国某大型商业银行的客户流失数据来对此项研究进行验证，验证了算法的有效性。

3.8.7　双权连接可拓神经网络的应用

双权连接可拓神经网络是目前运用最广泛最普遍的可拓神经网络，它结构简洁统一，且在运算速度、容错能力方面都有突出的优势。

文献 [52] 基于可拓神经网络设计出一种交通红绿灯的智能控制方法。利用已有的交通流量及绿灯时间内车流量的统计数据，根据可拓神经网络模型建立了一个更加快速准确的交通流预测模型，从而相应地确定下个周期的绿灯时长。

文献是可拓神经网络在图像识别中的应用。手的识别是门禁访问控制系统中的重要课题。在这篇文章中，识别系统的特征是由红外摄像头提取的灰度图像，在此基础上利用可拓神经网络实现了手识别系统的核心功能，通过在算法中调整分类边界或添加新的神经元，就能够快速自适应处理新的图像特征。而且这种技术还可以扩展运用于个人便携设备中的微型处理器，非常具有实用价值。

文献 [54] 基于可拓神经网络的监督学习算法，充分利用了可拓神经网络结构简单，允许对新加入训练数据进行快速自适应学习的特点，提出一种适用于引擎故障诊断的可拓神经网络诊断方法。通过实际的诊断记录和测试，显示新提出 ENN-1 方法比之前的方法，如多层神经网络（MNN）和 k-means 分类，速度明显有所提高，并且可以高效地处理噪声数据，十分适用于检测汽车发动机的振动故障。

文献 [55] 设计出了一种可以准确、快速地识别煤矿的安全状态的可拓神经网络模式识别方法。煤矿的安全状态的识别问题可以认为是一个分类问题，基于 ENN 的模式识别方法用可拓距离测量对象之间的相似性从而判别类中心。通过现实应用程序中对煤矿地质安全状态识别的测试，将基于 ENN 的模式识别方法与现有的基于 ANN 的方法进行比较，结果表明前者能准确识别煤矿的安全状态，在学习速度和网络结构复杂度上占有优势，并且在识别精度、泛化能力和容错能力方面具有更好的性能。

3.9　结束语

可拓数据挖掘以求解矛盾问题为背景，以可拓学理论为基础，从“变换”的角度出发，通过对变化前后的数据的分析，挖掘变换的作用与效果，这对于利用数据分析变换的作用、进一步提升各领域矛盾问题处理的智能化水平具有重要的科学意义和实用价值。另外，将可拓学与模式识别、神经网络以及智能知识管理等研究相结合，有利于推动数据挖掘技术的进一步发展，相关研究成果将有广阔的应用前景。

第4章　可拓设计

4.1　引言

可拓设计是以可拓论和可拓创新方法为基础，从知识驱动的角度，研究设计过程模型建立、知识聚类、方案推理、设计变换、设计优化和评价等内容，以智能化处理设计对象、设计系统、设计过程中的矛盾问题，并寻求最佳设计方案的全新现代设计理论与方法。

在可拓学的基本理论体系框架下，浙江工业大学赵燕伟教授及其研究团队将可拓学知识应用于机械产品的智能化设计中，初步形成机械产品可拓设计理论体系，先后完成和在研多项国家基金项目和省部级基金项目，包括：国家自然科学基金项目“基于可拓学理论的智能化概念设计方法研究（50175103）”“基于可拓逻辑的产品族适应性设计理论与方法（50575207）”“面向产品低碳设计冲突协调的可拓知识演化方法（51275477）”“面向绿色设计冲突消解的可拓层次基元模型及其变换方法研究（51175473）”；CAD&CG国家重点实验室开放课题“可拓决策在机械产品方案设计中的应用（A97S03）”；浙江省自然科学基金项目“机械产品方案设计可拓决策及其在智能CAD中应用（597077）”，“面向绿色适应性设计的基元建模及其可拓变换方法研究（Y1090364）”；浙江省科技计划项目“框架式减振油锯产品研制及其优化配置（2009C22G1310002）”。

为实现建筑策划与设计的计算机化、人工智能化，哈尔滨工业大学建筑计划与设计研究所所长邹广天教授及其团队从2002年12月开始将可拓学、创新学与建筑学相交叉，进行了长达14年的基础研究。该研究团队完成了国家自然科学基金项目“可拓建筑策划与设计的基本理论及其应用方法研究（50678043）”“面向可拓建筑策划与设计的可拓数据挖掘理论及其方法研究（51178132）”，撰写了一系列的博士学位论文、硕士学位论文，发表了大量的期刊论文、会议论文，为促进人工智能在该领域的发展进行了非常有益的基础研究。该学术团队在上述两项国家自然科学基金项目的基础上，以“基于深度学习的智能化可拓建筑策划理论及方法研究”为题目申请了国家自然科学基金，确定以其作为今后五年中的主要研究方向之一，这将进一步推进该领域与人工智能的结合，推进其发展人工智能化的进程。

本章主要介绍机械产品的可拓设计理论与方法和可拓建筑策划与设计的理论与方法的研究成果。

4.2 机械产品的可拓设计理论与方法

4.2.1 可拓概念设计

该研究综合运用可拓学理论、模糊理论和优化技术，分别在概念设计可拓知识表达、分解与综合、优化与求解、推理与评价等方面提出了若干新思想、新原理与新方法。作者等[65-67]建立了定性与定量相结合的可拓知识模型，率先提出基于多级菱形思维的概念设计新方法，实现了复杂产品概念设计发散—收敛—再发散—再收敛的反复迭代过程；提出复杂机械产品可拓实例推理方法、可拓进化设计、可拓变换设计、设计方案评价与决策等方法，分别通过理论分析与比较验证了该类方法的可行性，进一步通过加工中心刀库、吸尘器、机械减速器等产品的优化，实现了复杂产品智能化概念设计的创新过程。如图 4-1 所示为可拓概念设计流程。

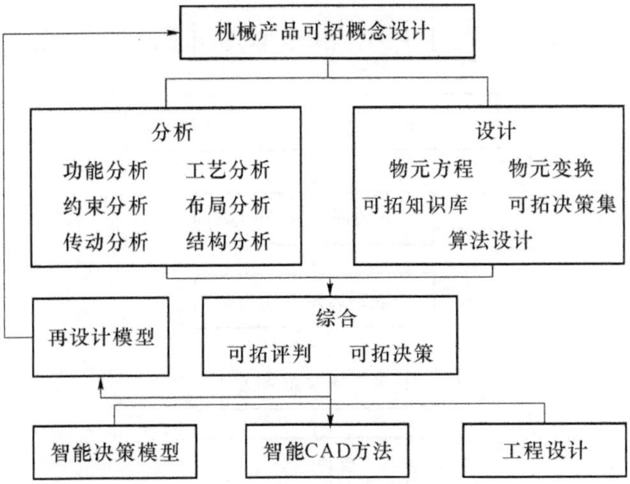

图 4–1　可拓概念设计流程

4.2.2　可拓配置设计

产品从大规模生产到个性化定制，大规模定制生产模式应运而生。用大批量生产的效率和成本满足不同客户个性化产品的需求，实现定制化和大批量生产的结合[68, 69]。可拓配置设计方法为有效解决“大规模”与“定制”之间的矛盾问题、顾客需求的“个性化设计”与企业效益的“共同性设计”之间的矛盾提供了一种全新思路[70–72]。

1. 基于可拓聚类的配置结构规划

为提高配置方案生成效率，对配置库中产品结构进行划分。基于产品特征数值的关联距离函数构建可拓聚类方法，通过特征数值区间确定各零部件间的关联度。根据客户需求对通用特征模块进行适应性和可组合性判断，使通用特征模块和定制模块具有一定的可变换性，使配置实例库更加合理。如图 4–2 所示为产品结构配置可拓聚类过程。

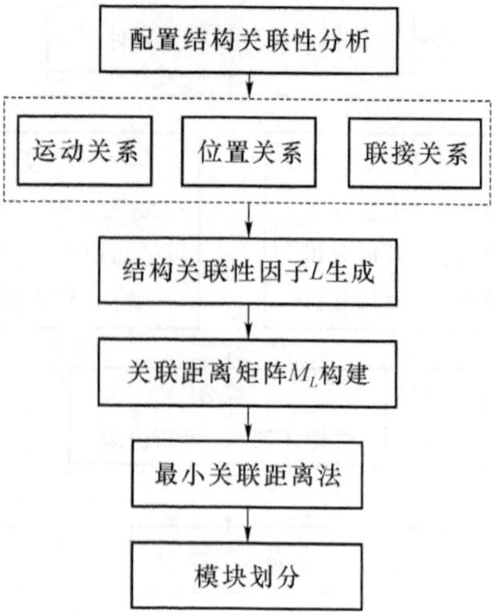

图 4-2　面向配置结构模块划分的可拓聚类过程

以特征关联性因子作为定量性划分依据，以最小关联距离法实现对特征模块的划分，最后对划分结果进行调整。从模块独立性和模块可组合性出发，实现对产品族特征的划分，确定产品族通用特征模块。

2. 基于可拓实例推理的配置方案生成技术

在以通用特征模块为基础的产品族配置中，为充分利用成熟的设计方案，采用基于 CBR 方法完成产品族配置。区别传统的实例推理方法，可拓实例推理引入可拓距构建相似度函数，把配置过程中点与区间的位置关系用定量形式精确描述，获得客户需求与配置结构之间的映射关系，在实例库中检索满足客户要求的一类个性化产品。如图 4-3 所示为基于可拓实例推理的配置方案流程。

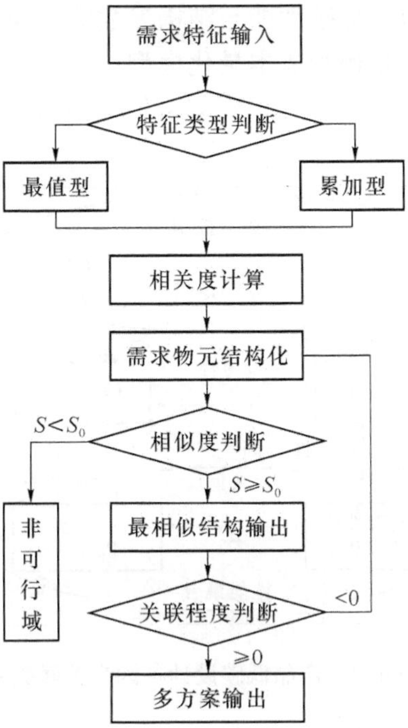

图 4–3 基于可拓实例推理的配置方案流程

4.2.3 可拓低碳设计

产品低碳设计是在产品实现功能、满足性能和符合经济指标的前提下，以降低全生命周期各阶段碳排放为目标的一种新的设计方法，与绿色设计、生态设计既有关联又有明显的差异[73, 74]。低碳设计产生的相容性和对立等冲突问题，涉及大量有待更新和处理的新知识，因此运用可拓学理论研究低碳设计中的冲突协调方法，建立以产品全生命周期碳足迹、成本和性能等的多因素关联模型；分析基于设计要素变换的动态分类机理；解决面向多种方法集成的低碳设计冲突协调问题[75–79]。

1. 面向产品低碳设计的多因素关联建模

低碳设计过程中要综合考虑减少碳排放对产品全生命周期功能、性能、结构及环境的影响。低碳设计涉及庞大的数据库和知识库、理论建模和设计系统，必须建立从低碳需求输入到低碳产品输出的知识表述模型。如图 4–4 所示为低碳设计各因素关联关系。

对需求转换构成中涉及到的多因素进行关联分析，结合公理化设计理论，构建低碳需求、低碳性能与结构参数的关联映射模型；基于作业成本法建立各阶段碳足迹和成本量化模型；采用基元理论定义低碳结构基的可拓图，实现低碳需求、需求转换的形式化知识建模过程。

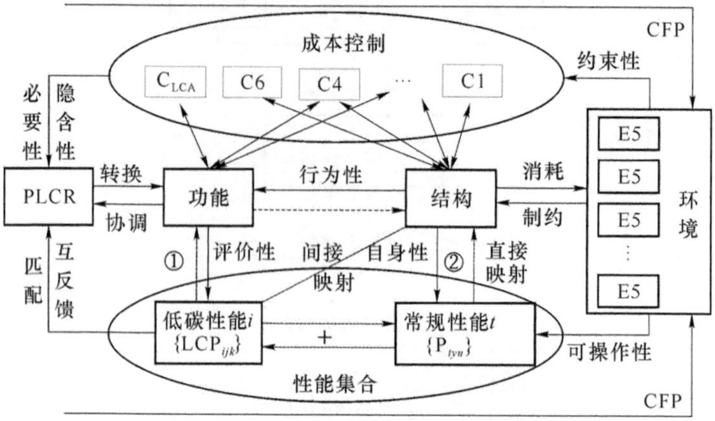

图 4–4　产品低碳设计各因素关联关系

2. 面向低碳实例的可拓设计分类方法

基于关联函数的检索方法获得产品实例相似度值，而在一个相对较窄的相似度区间存在多个实例时，无法分辨出更符合低碳需求的实例；或者在匹配的产品实例中，是否可以挖掘出更优质的产品实例。因此，需要对检索获得的相似产品实例进行分类，使其能更好展示出同类内部产品实例特征参数差异性及不同类之间相似程度差异。为此构建低碳产品实例复合基元集、相似基元集、相似基元截集。

低碳产品实例复合基元集：

$$S_{\mathrm{PLCD}}=\{Z_{\mathrm{PLCD\ \ obiect}}^{i}\}=\{Z_{\mathrm{PLCD\ \ obiect}}^{i} \mid Z_{\mathrm{PLCD\ \ obiect}}^{i}=(\mathrm{Case\_Product}^{i},\ C,\ V)\}$$

$$C=[\mathrm{Pro\_Identity}^{i},\ \mathrm{Pro\_Name}^{i},\ \cdots,\ \mathrm{Pro\_Attribute}^{i},\ \mathrm{Pro\_Require}^{i}]^{\mathrm{T}}$$

$$V=[v_{1}^{i},\ v_{2}^{i},\ \cdots,\ \{B_{\mathrm{Pro\_Attribute}^{i}}^{i}\},\ \{B_{\mathrm{Pro\_Require}^{i}}^{i}\}]^{\mathrm{T}}$$

式中，$Z_{\mathrm{PLCD\ \ obiect}}^{i}$ 表示实例库中第 i 个产品实例；

相似基元集：

$$S_{\mathrm{PLCD}}^{\mathrm{sim}}=\{Z_{\mathrm{PLCD\ object}}^{i} \mid Z_{\mathrm{PLCD\ object}}^{i} \xrightarrow{PR_{l}\ \cup\ \mathrm{sim}_{l,\ i}} x_{i},\ x_{i}\in(0,\ 1)\}$$

式中，PR_{i} 表示客户需求，$\mathrm{sim}_{l,\ i}$ 表示产品相似度值；

相似基元截集：

$\widetilde{S}^{\text{sim}}_{\text{PLCD}}=\{Z_{\text{PLCD object}^j} \mid Z_{\text{PLCD object}^j} \xrightarrow{PR_1 \cup \text{sim}_{I,\ i}} x_j \geqslant \delta,\ x_{j-1} \leqslant x_j \leqslant x_{j+1},\ \delta \in [0,\ 1]\}$ 式中，δ 表示正态分布截取数。

在此基础上对实例库产品进行静态分类，将满足需求的实例归为正域，不满足的归为负域。当静态分类结果达不到预期目标，如正域的产品实例数太多或者无法匹配到所需产品实例，此时通过同类产品的对比分析、重新评估产品特征性能、专业解释产品需求项，形成对产品需求的动态更新，建立一个动态的变换规则，即产品动态分类

3. 集成 TRIZ 与可拓学的低碳设计冲突协调方法

当低碳需求与产品实例参数不能匹配，结合 TRIZ 理论和可拓学方法解决低碳设计冲突矛盾问题。集成方法充分利用了 TRIZ 理论快速有效提供原理方案解的能力及可拓学形式化描述问题和逻辑推理能力，图 4–5 为集成 TRIZ 与可拓学方法的低碳设计冲突协调体系。

结合 TRIZ 理论和可拓学方法，研究 TRIZ 物理矛盾、技术矛盾问题，及可拓学对应的不相容和对立问题。建立基于物理矛盾的不相容问题策略生成流程，以及基于技术矛盾的对立问题策略生成流程。

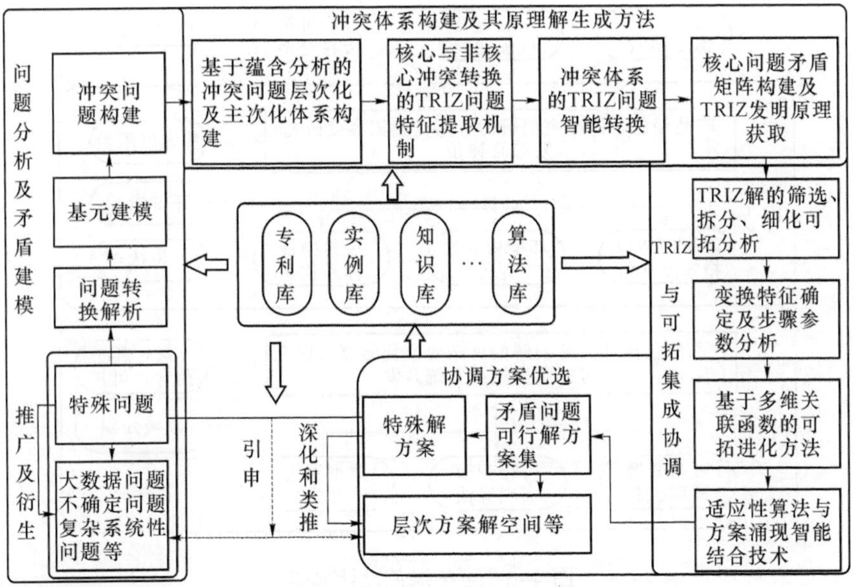

图 4–5　集成 Triz 与可拓学的低碳设计冲突协调体系

4.2.4 可拓绿色设计

产品绿色设计要解决的是产品绿色属性与产品原有功能、性能、参数之间的冲突问题，如产品的可拆卸性、可回收性、可重用性、可再制造性和环境友好性等要素在满足产品基本功能的前提下实现绿色设计的要求[80, 81]。

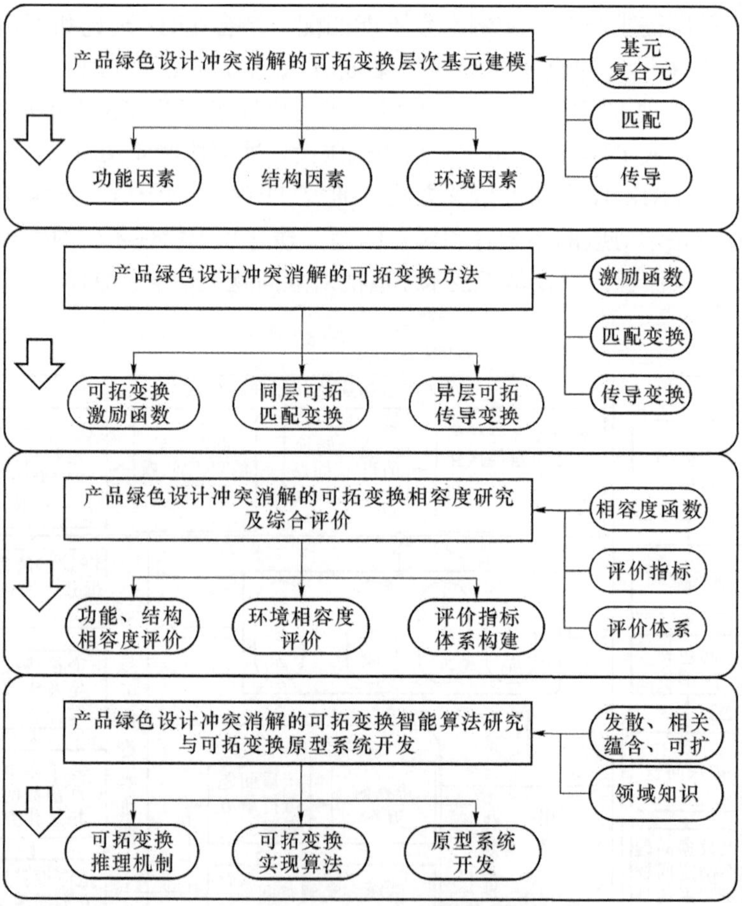

图 4-6 可拓绿色设计框架

采用可拓学理论研究产品绿色设计冲突协调方法，通过基元理论将冲突问题提炼、抽象为可拓语言可表达问题；采用可拓变换理论对可拓语言描述的冲突问题进行变换、推理和消解，并将可拓形式的消解方案反馈到实际问题中[82，83]。图 4–6 为可拓绿色设计研究框架。

4.2.5　可拓设计的计算机实现

在可拓设计理论研究基础上，采用 Visual C++6.0 软件开发平台，利用 Solidworks 提供的基于 COM 的 API 对象，在 MFC 后台数据库支持下开发可拓设计原型系统；以油锯为对象开发可拓配置设计系统，以螺杆空压机为对象开发可拓低碳设计系统。

4.3　可拓建筑策划与设计的理论与方法

4.3.1　可拓建筑策划的理论与方法

1. 可拓建筑策划理论

可拓建筑策划[84]是基于可拓学研究建筑策划策略生成的理论与应用方法。可拓建筑策划，是以建筑策划策略生成阶段遇到的矛盾问题以及不存在矛盾但有创新需求的另一类问题为研究对象，应用可拓创新方法科学化解矛盾和实现创新，从而生成解决问题策划策略的过程。借助可拓学的基元模型和可拓创新方法，可拓建筑策划的策略生成思维过程具有了可描述性。可拓建筑策划理论的探索，成为了实现智能化的建筑策划策略生成、发展建筑策划人工智能的第一步，同时也是至关重要的一步。

可拓建筑策划理论探索将可拓学中菱形、逆向、共轭和传导四种思维模式应用于解决矛盾问题或非矛盾创新问题，是对策略生成思维机制的研究，是对矛盾求解和产生创新性策略方向、途径的研究。这四种思维模式为智能可拓建筑策划的计算机程序编写提供逻辑前提。

2. 可拓建筑策划方法

实现可拓建筑策划的人工智能化，需要依赖以基元模型为基础的可拓创新方法，包括拓展分析方法和可拓变换方法。可拓建筑策划应用发散、相关、蕴含、可扩四种分析方法对策划目标和条件从向外、平行、变通、组合分解的角度进行分析，得到解决矛盾或进行创新的各种开拓性可能途径，生成可供选择的多种创造性的策划策略或为下一步进行变换做好准备。在拓展分析基础上，应用置换、增删、扩缩、分解四种基本变换及传导变换方法，意在达到以下目的：（1）对矛盾问题，通过变换转化事物的对立或不相容状态；（2）对非矛盾问题，通过变换改变建筑创作中一些常规概念和做法，突破传统以寻求创新和发展。

可拓建筑策划模型化的应用方法，使策划者能够科学、高效地通过逻辑推导得出解决矛盾或者创新性的策划策略，使策略生成的思维过程具有可描述性，为人工智能化的计算机辅助可拓建筑策划（CAEAP）的实现提供了逻辑前提。

4.3.2 可拓建筑设计的理论与方法

可拓建筑设计[85, 86]是运用可拓学的理论与方法所进行的建筑设计。它是指从建筑设计要素的基元模型出发，应用可拓建筑设计思维模式，经可拓分析，至可拓变换，最终生成具体的建筑设计方案的操作方法。在整个过程中，常规建筑设计中所涉及的各种问题、要素得以形式化表达，“黑箱”的建筑设计思维也可以形式化推导，这将为建筑设计走向人工智能化打下基础，提供新的思路。

建筑设计问题兼具科学性与艺术性：前者使设计问题具有明确设计目标，以及检验该问题是否解决的一系列标准；而后者则使目标在解答过程中不断发生变化。这两种属性分别代表了设计问题的两极，但在设计问题解决过程中，却又往往交织、统一；每一个伟大的建筑设计，都是不乏理性，又充满浓郁艺术气息的作品。将可拓学引入到建筑学中，用可拓创新方法体系直面科学性占主导的设计问题或设计问题的科学性部分，将为解决设计问题提供一种新的思路与方法；同时，可拓学因应人工智能需求而具备的一系列属性，也将随之而来，与建筑设计特性有机结合，形成形式化表达、多角度分析、拓展性思维、科学性变换等特点，将一步步搭建起建筑设计走向人工智能的桥梁。

形式化表达是可拓建筑设计的根本，也是可拓建筑设计走向人工智能的第一步。由于可拓学中的基元表达体系具备了“所指—能指”的特性，所以可以构建出一种专属可拓建筑设计的“语言体系”：以单一基元模型为“词汇”，以复合元模型为“句子”，复合方式为“语法”；进而再以一定的组合方式为“句法”，构成“段落”。而在这一基础上进一步代码化，“语言体系”便具备了“智能可读”的属性。

多角度分析是可拓建筑设计精髓与内涵，将可拓学分析方法，与建筑设计的空间、形式等基本设计要素联系起来，建构一种从设计问题出发，经设计条件、设计目标，到解决问题后的设计结果的逻辑“路径”，使得可拓建筑设计的语言体系得以“构段成章”以至“成文”，为人工智能深层次地解读建筑设计、进而进行建筑设计形成可能。

拓展性思维是可拓建筑设计的外延，将可拓学的“触手”延伸到建筑设计中最具“神秘性”的思维领域，形成一种兼具目的性、创新性、可操作性和综合性的可拓建筑设计思维模式，促使设计者可以更加理性地控制设计思考。同时，也因其提供了对思维过程的形式化表达模式，将成为联系设计思维与人工智能思维的“一道桥梁”。

科学性变换是可拓建筑设计的方法与手段，是前述特点的综合运用，本质上是可拓变换方法在建筑设计领域的体现：面向建筑设计中的矛盾问题、质量问题和创新问题，通过一系列针对形式化模型的合理有效的变换组合，进而转化矛盾、提升质量、促进创新。这将对未来人工智能领域中对建筑设计过程之模拟提供指南。

将可拓建筑设计的理论与方法进一步发展成为计算机辅助可拓建筑设计（CAEAD），将促进人工智能在建筑设计领域的创新与发展。

4.3.3　计算机辅助可拓建筑策划与设计

将可拓学、建筑学、计算机科学相结合，研究智能化的计算机辅助可拓建筑策划与设计，也是可拓建筑策划与设计研究中的一个重点，其目的在于如何将作为该领域人工智能化基础的可拓建筑策划、可拓建筑设计，从人机交互界面的角度实现人工智能化、计算机化。在此方面，研究了计算机辅助可拓建筑策划的基本理论与方法、计算机辅助可拓建筑设计的基本理论与方法[87-90]。

4.4 结束语

以机械产品的可拓设计和可拓建筑策划与设计为代表的可拓设计方法，利用可拓论和可拓创新方法研究设计过程中的矛盾问题，通过建模、变换、推理流程寻求较优的设计方案，通过计算机建立可拓知识模型，并结合人工智能算法，以定性定量相结合的方式实现产品的高效优化设计。可拓设计的发展为现代设计方法提供一种新的设计思路。

第 5 章 可拓控制

5.1 可拓控制的研究背景和意义

如何对那些无法用数学模型来精确描述的被控对象或过程进行精确地控制，一直是人们研究的重要课题。传统控制方法有 PID 控制、变结构控制、自适应控制等未能从根本上完全解决控制问题，在实际应用中遇到许多难以逾越的障碍。因而以模拟人的控制行为为出发点的智能控制方法成为当代控制理论与应用的主要发展方向，其中模糊控制、神经网络控制、专家控制、拟人智能控制等智能控制方法的发展为解决这类控制问题提供了有效的工具。在传统控制理论中，输入与输出均是量值，被控对象的动态特性是用数学模型来表征，它们描述控制过程中输入量值与输出量值之间的关系。而模糊控制所建立的模型则是模糊数学模型。在一些控制问题中，只考虑量值与量值之间的关系是难以解决的，它们也形成了控制中的矛盾问题。要解决它们，就必须考虑事物本身及其特征以及它们的变换。基于这种看法，我国许多专家、学者进行了探索和研究，1994 年由华东理工大学王行愚教授首次提出了“可拓控制”[91]这一概念和方法，它的基本思想是从信息转换角度去处理控制问题，即以控制输入信息的合格度（关联度）作为确定控制输出校正量的依据，从而使被控信息转换到合格范围内。可拓学的出现及发展为描述和研究智能控制提供了一种新的手段和方法。可拓控制是指利用可拓理论与可拓创新方法研究处理控制过程中的矛盾问题的规律和方法。

从控制对象上看，可拓控制能很好地模仿人善于概括、学习和解决不相容问题，处理矛盾问题、未预见性的问题和不可预料事件的能力，比现有各种控制方法能更好地模拟人类运用变通性和创造性处理矛盾问题的过程。

从模型上看，可拓控制最突出的特点是它不依赖于控制系统的结构信息，不需要任何预先提供的数学模型。因此，它没有由于预定模型或结构隐含错误而导致的问题，能很好地应用于那些了解尚不充分甚至完全未知的领域，此特性使它在无法预料的紧急、灾难性情况的处理方面，能发挥实时处理的作用。

从方法上看，可拓控制是一种定性和定量相结合的控制方法，它的定性分析工具是以基元为基础的可拓展分析与可拓变换方法，它的定量分析工具是以可拓集为基础的关联函数和优度评价方法。它不仅考虑控制对象的数量关系，还考虑控制对象及其特征的变化。这种定性和定量相结合的特点使它既能用定性分析把握控制过程中各对象质的规定性，也能用定量分析来补充说明事物的质变中量与度的概念，为处理控制过程中的各种矛盾问题提供了恰当的模型。

5.2 可拓控制理论

可拓学就是用形式化的模型研究事物拓展和变换的可能性和开拓创新的规律与方法，并用于解决矛盾问题的科学。可拓集的建立旨在研究事物的转化关系，它描述了矛盾着的双方在一定条件下相互转换的规律，反映了人们在实践中处理问题的辨识思想。这就启示我们，可以用可拓集来描述和处理控制过程中信息的转化关系，将控制思想的求解纳入一般问题的求解之中，为寻求智能控制知识表达的模型和信息处理的技术探索一条途径。

可拓控制就是在可拓学的基础上提出的从信息转换的角度来处理控制问题的理论与方法。可拓控制以控制输入信息的合格度（关联度）作为确定控制输出校正量的依据，通过可拓变换，使被控信息转换到合格的范围内，解决控制系统中不可控和需要控制之间的矛盾。

5.2.1 可拓控制的基本概念

从信息的观点来看，控制过程实质上可以看作是信息的转化过程，即使被控信息以尽可能好的方式转化到所要求的范围。为了探索合理解决这类控制问题的方法，国内的学者经过研究与探索，王行愚教授将控制理论与可拓学理论相结合，把可拓创新方法引进了控制领域，利用它们把矛盾问题加以转化，使之成为不矛盾问题，并把这种处理过程称为可拓控制。可拓控制包括以下基本概念：

（1）特征量：描述系统状态的典型变量称为特征量，用 c 表示。

（2）特征状态：由特征量描述的系统状态称为特征状态，用 s 表示，如 $s=(c_1, c_2, ...c_i)$ 其中 c_i 表示第 i 个特征量。

（3）特征模式：特征量表示的系统运动状态的典型模式称为特征模式，根据误差的正负可以分成以下特征模式：

$p_1=\{S \mid e>0,\ r\cdot e>0,\ r/e>\beta\}$，$p_2=\{S \mid e>0,\ r\cdot e>0,\ r/e<\beta\}$，

$p_3=\{S \mid e>0,\ r\cdot e<0,\ r/e<\beta\}$，$p_4=\{S \mid e>0,\ r\cdot e<0,\ |r/e|>\beta\}$，

$p_5=\{S \mid e<0,\ r\cdot e>0,\ r/e>\beta\}$，$p_6=\{S \mid e<0,\ r\cdot e>0,\ r/e<\beta\}$，

$p_7=\{S \mid e<0,\ r\cdot e<0,\ r/e<\beta\}$，$p_4=\{S \mid e<0,\ r\cdot e<0,\ |r/e|>\beta\}$，

其中，S 表示系统特征状态，P_i（$i=1, 2, \cdots, 8$）表示特征模式。

（4）特征状态关联函数：系统调节过程中任一状态与关于系统特征状态 s 的可拓集的关系用实数 $K(S)$ 表示，称 $K(S)$ 为特征状态关联函数，其值域为 $(-\infty, +\infty)$。由控制指标决定的系统特征状态的取值范围为经典域 X，以选定操纵变量下的系统可调节的特征状态取值范围为节域 Xn。特征状态关联函数 $K(S)$ 表明了系统特征状态 S 和关于系统特征状态的可拓集的关联程度，具体分为以下几种情况讨论：

（a）$K(S)>0$ 表示特征状态 S 符合控制要求的程度。

（b）$K(S)<-1$ 表示在所有操纵变量下，无法通过改变操纵变量的值使特征状态转变到符合控制要求的范围内。此种情况，需要对被控变量和操纵变量的重新控制。

（c）$-1<K(S)<0$ 表示在所用的操纵变量下，可以通过改变操纵变量的值而使特征状态转变到符合控制要求的范围。

可拓控制主要是处理 $-1<K(S)<0$ 的情况，这一范围的关联函数反映了在操纵变量选定的情况下，控制转变的困难程度，特征状态关联函数越小，所需要控制量就越大。可拓控制可以看作控制过程由特征状态关联函数表示的控制转变的困难程度来确定控制量大小的一种控制方式。

（5）测度模式：根据特征状态关联函数划分的模式称为测度模式，

表示为：$M_1=\{S \mid K(S)\geqslant 0\}$；$M_2=\{S \mid -1\leqslant K(S)<0\}$；$M_3=\{S \mid K(S)<-1\}$

在可拓控制中，关联度是一个重要的量，它既作为系统特征状态合格度的一种量，还起到了“路标”的作用，即 $K(S)=0$ 和 $K(S)=-1$ 分别指示出特征状态 S 符合与不符合控制要求，以及可转变与不可转变为符合控制要求的分量，如图 5-1 所示。

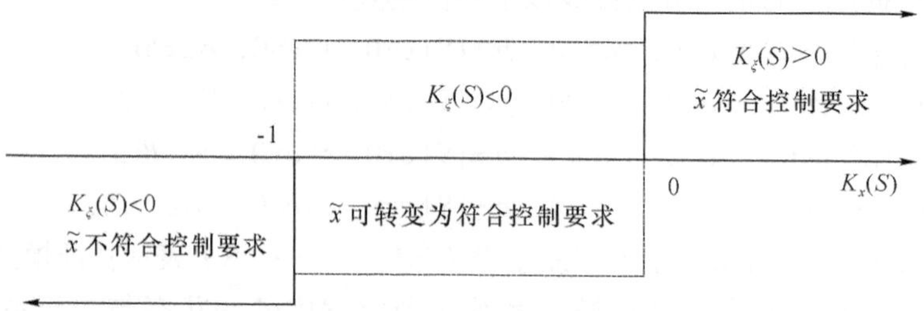

图 5-1　可拓控制中的特征关联函数作用

可拓域与非域的意义在于对不可控物元有个象征性的划分，有针对性和目标性对不可控物元实施可拓变换，寻找非域与可拓域的关联，使非域中的元素物元逐步向可拓域转换，也即是不可控物元的数量逐步缩小，从而达到了可拓控制的目的。另外，随着通过可拓变换能变成可控的不可控物元的数量的增多，可拓关系也逐步拓广，从而可以找到更多的关联途径，寻找最优途径，误差相对减少，从某种程度上可以使得控制范围扩展。

由于控制问题纷繁复杂，可拓控制的可拓域与非域的界定，不能以一个既定的函数关系或一个既定的模式去概括它，根据其特征找一个适合的关系去研究，针对不同的情形，关联准则也有不同，界定的度量也迥异。

通常可以根据实际的控制问题得出可拓域与非域的临界值，建立起经典域与节域的恰当关联函数，以关联函数的值的大小来判断不可控物元隶属与那个域，从而实现了可拓域与非域的界定。这里充分应用了可拓集合可拓域与非域的概念，即通过关联函数来判断某个值属于某个区间的程度，关联函数划分区域很精准，能全面地分析对象属于某个集合的程度，并且也用助于从变化的角度去分析变化的事物。

5.2.2　可拓控制的原理

可拓控制指利用可拓论与可拓创新方法研究处理控制过程中矛盾问题的规律、方法及手段，能很好的模仿人善于概括、学习和解决不相容问题、处理矛盾问题未预见性问题和不可预料事件的能力，比现有各种控制方法能更好地模拟人类运用变通性和创造性处理矛盾问题的过程。

在一些控制问题中，只考虑量值与量值之间的关系式难以解决的，它们也形成了控制中的矛盾问题，如最常见的过渡过程平稳性与快速性矛盾问题。要解决它们，就必须考虑事物本身及其特征一级它们的变换。所以应用可拓控制的基本思想是：从信息转换的角度去处理控制问题，即以控制输出信息的合格度（关联度）作为确定控制输入矫正量的依据，从而使被控信息转换到合格范围内。

5.2.3　可拓控制器的结构与设计

建立在可拓集理论基础上的可拓控制，其主旨思想就是研究控制问题的转化，使被控变量从不合格范围转化到合格范围，使控制效果从不满意转化为满意。

可拓控制器具有上下两层结构[92]，如图 5–2 所示。下层结构主要完成基本控制功能，称之为基本可拓控制器；上层结构的功能可以看作是基本可拓控制器的补充和完善，称之为上层可拓控制器，它的作用是对控制进行优化，保证良好的控制效果。同时上层可拓控制能更好的反映可拓集合所强调的矛盾转化规律。

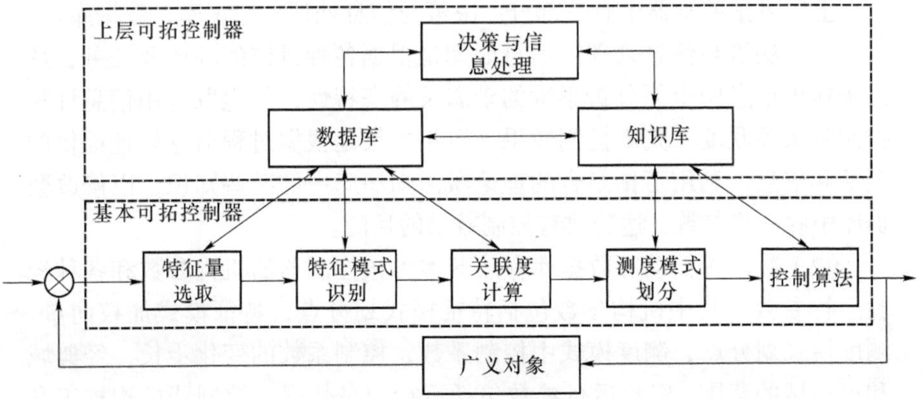

图 5–2　可拓控制器结构

1. 基本可拓控制器

基本可拓控制器有五部分：特征量抽取，特征模式识别，关联度计算，测度模式划分，控制算法。

（1）特征量抽取：根据被控对象的特性及经验合理确定能够描述系统的特征量。

（2）特征模式识别：是从被控系统中提取刻画系统动态特征的特征信息，经过处理后归入某一特征模式，以适应对象非线性，便于在不同的特征模式内采用不同的关联度计算方法，确定系统的运行状态。

（3）关联度计算：主要是指关联函数的建立，并通过系统当前状态值计算出相应的关联函数，以描述当前的特征状态与系统控制目标可拓集合之间的关系。

（4）测度模式划分：是一个根据系统当前特征状态关联度，将状态归入某一模式的过程。在不同测度模式内采用不同的控制输出计算参数或算法，以提高或改善可拓控制器设计方法研究控制效果。

（5）控制算法：是对可调状态进行调节，使之回复到合格范围。根据系统所处的不同测度模式，调用相应的控制策略，实现高性能的控制。控制量是根据专家知识和先验知识、数据库中的相关信息，由信息合格度即被控物元和目标物元之间的差来决定。其推理机制是从已确定的系统当前状态测度模式到给出相应的控制模式的映射。在可拓控制中，可采用多种推理方式，当采用产生式系统表示推理规则时可表示为：IF（测度模式）THEN（控制模式）。

2. 上层可拓控制器

上层可拓控制器中有三部分：决策与信息处理，知识库，数据库。

（1）决策与信息处理：信息处理是根据各种具体的环境及任务，从过程输出信息中全面分析系统的动态及静态特性，并提取有用信息计算控制效果关联度，判断控制效果。可拓决策是根据过程信息处理提供的判断和信息，利用可拓集合的理论激活知识库中的某些知识，以修改数据库中的一些参数，达到改善控制效果的目的。

（2）数据库：动态数据库存放基本可拓控制器的机构参数和各种经验运行参数，其中机构参数包括特征模式划分点，特征模式加权向量，测度模式划分点，测度模式中控制系数，控制系数的变化步长，经典域和可拓域的范围；经验运行参数包括运行记录数据，控制器机构校正参数等。

（3）知识库：存放专家领域知识和被控过程的先验知识等。可根据控制效果合格度即被控物元的变化过程与期望效果之间的差从知识库、数据库中选择更合适的控制参数和控制方法。

可拓控制是智能控制的新兴课题，目前已经引起了国内外许多学者的关注。可拓控制具有良好的发展潜力，随着可拓控制的研究不断深入，它将为人们解决复杂控制系统中的某些难题，提供一种有效的工具。

5.3　可拓控制的应用

可拓控制是基于可拓学理论发展起来的新的智能控制的前沿课题，目前已经引起了许多学者的关注，不断改进可拓控制理论并应用在许多领域。文献 [93] 把多变量系统的变量分为主变量和辅助变量两层，提出一种分层多变量可拓控制的概念，取得较好效果。文献将基元理论引入到可拓控制中来，提出了可拓控制的物元模型及其控制算法。文献 [95–96] 利用可拓控制理论进行了滑模控制研究和非线性系统自适应控制。文献 [97–98] 进行了多变量自校正系统控制和基于可拓逻辑的智能控制研究。文献把可拓方法应用于一种多变量干燥器的控制系统中，分析表明可拓控制器具有良好的控制品质。文献 [100] 进行了基于可拓逻辑的神经网络控制。文献 [101] 针对自适应控制只能处理渐变或量变问题的局限性，运用可拓控制对自适应控制进行补充，建立了一种可拓自适应混杂控制方法。文献 [102] 设计了电液伺服系统可拓控制器，仿真研究表明该控制器具有优良的动态品质和稳健性。文献 [103] 改进了基本可拓控制器的控制算法，将可拓控制器应用于旋转式倒立摆系统并验证了它的有效性及控制能力。文献 [104] 进行了旋转式倒立摆的可拓控制策略研究。文献 [105] 对可拓控制器进行了深入研究。文献 [106–107] 应用可拓控制思想进行了移动机器人路径规划研究。文献 [108] 提出了一种基于灰色预测的可拓控制方法，先对系统输出量进行灰色预测，然后将预测结果与给定值比较，两者差值作为可拓控制器的输入量，再经特征量提取、关联度计算、测度模式识别和控制决策等环节，得到控制量作用于控制对象。结合灰色预测技术“事前”控制和可拓控制策略，使控制系统获得优良的动态性能。文献 [109] 构建基于功能分配的可拓控制器，研究由最优控制和基于功能分配的可拓控制器构成的闭环控制系统，改善集成系统控制性能，提高悬架和转向集成系统的控制性能。文献 [110] 将可拓控制应用到海洋潜器运动控制中，研究高海情下的减摇防倾覆可拓控制策略，使系统在一定范围和条件下扩展减摇控制范围并实现防倾覆控制，针对多模态切换控制问题，研究了可拓转换机制，提出一种多模态可拓转换器来实现控制模态切换，研究的控制算法可以提高运动控制系统的准确性、可靠性、安全性。文献 [111] 提出基于灰色预测技术和可拓控制策略设计电力系统稳定器，结合了灰色预测技术"事前控制"和可拓控制方法不要求建立精确数学模型、实时性好的优点，改善电力系统的稳定性，抑制低频振荡。

第二期国际可拓学研究学者、罗马尼亚科学院机器人研究室主任 Luige Vladareanu 教授等与蔡文、杨春燕等教授合作完成的应用项目"机器人系统的可拓混合力—位置控制"获国际专利 [112]，并于 2014 年获得日内瓦国际发明博览会金奖、俄罗斯联邦奖等多项奖项。本发明提出了一种能够解决行走机器人移动过程中混合力—位置控制矛盾问题的先进方法。本方法基于 2D 可拓集合，根据线性和非线性引力点原则以及引力曲线网络，通过建立力—位置 2D 关联函数来实现机器人的实时控制，可确保机器人的定位精度和在粗糙地面上的稳定性。结论表明，本方法能够通过实数集上的可拓变换和基于 2D 关联函数的优化函数实现混合力—位置的高水平控制。

上述这些研究充分展现了可拓控制能很好地模仿人类学习和解决矛盾问题的能力，将不可控的问题转化为可控。

参考文献

[1] 蔡文．可拓集合和不相容问题．科学探索学报，1983，（1）：83-97.

[2] Cai Wen. Extension Set and Non-Compatible Problems. In: Qian Weichang ed. Advances in Applied Mathematics and Mechanics in China. Peking: International Academic Pubishers, 1990. 1-21.

[3] 蔡文，杨春燕．可拓学的基础理论与方法体系．科学通报，2013，58（13）:1190-1199.

[4] 蔡文．可拓论及其应用．科学通报，1999，44（7）：673-682.

[5] Cai Wen. Extension theory and its application. Chinese Science Bulletin, 1999, 44（17）: 1538-1548.

[6] Yang Chunyan, Cai Wen. Extenics: Theory, Method and Application. Beijing: Science Press, 2013 & Columbus: The Educational Publisher, 2013.

[7] 杨春燕，蔡文．可拓学．北京：科学出版社，2014.

[8] 蔡文，杨春燕，何斌．可拓逻辑初步．北京：科学出版社，2003.

[9] 杨春燕，蔡文．可拓信息—知识—智能形式化体系研究．智能系统学报，2007，2（3）：8-11.

[10] 李立希，杨春燕，李铧汶．可拓策略生成系统．北京：科学出版社，2006.

[11] 赵燕伟，占胜，赵福贵，张峰，苏楠．基于可拓实例推理的产品族配置系统．软件著作权号：2010SR011081.

[12] 杨国为，王钰，陈军伟．基于层次化矛盾求解的鞋品创新设计策略生成系统．软件著作权号：2009SR01562.

[13] 李卫华，方卓君，杨春燕. 自助游可拓策略生成系统软件 V1.0. 软件著作权号：2011SR063980.
[14] 李兴森，朱正祥. 可拓策略辅助生成系统. 软件著作权号：2010SR006257.
[15] 杨春燕，李卫华，汤龙，等. 基于可拓学和 HowNet 的策略生成系统研究进展. 智能系统学报，2015，10（6）：823-830.
[16] Long Tang，Chunyan Yang，Weihua Li. Adopting gene expression programming to generate extension strategies for incompatible problem. Neural Computing and Applications，2016（3）:1-16.
[17] 杨春燕. 基于可拓论的不相容问题求解研究. 中国工程科学，2007，9（9）：36-39.
[18] 曹礼园. 提高策略生成能力的可拓策略生成系统研究. 硕士学位，广东工业大学，2014.
[19] 王定桥，李卫华，杨春燕. 从用户需求语句建立问题可拓模型的研究. 智能系统学报，2015，10（6）：865-871.
[20] 汪中飞. 结合知网的 ESGS 软件架构的研究与实现. 硕士学位，广东工业大学，2015.
[21] 王定桥. 对 ESGS 多方面改进的研究与实现. 硕士学位，广东工业大学，2016.
[22] 杨春燕，蔡文. 可拓学与矛盾问题智能化处理. 科技导报，2014，32（36）：15-20.
[23] 蔡文，杨春燕，陈文伟，李兴森. 可拓集与可拓数据挖掘. 北京：科学出版社，2008.
[24] 杨春燕等. 可拓数据挖掘方法及其计算机实现. 广东高等教育出版社，2010.
[25] 陈文伟. 挖掘变化知识的可拓数据挖掘研究. 中国工程科学，2006，8（11）：70-73.
[26] Li XS，Zhang HL. An Intelligent Transformation Knowledge Mining Method Based on Extenics. Journal of Internet Technology，2013，14(2):

315–325.

[27] Tang ZH, Tang BP. Extension Data Mining based on Extension set and Rough Set. International Journal of Advancements in Computing Technology, 2013, 5（9）: 1085–1095.

[28] 朱伶俐. 基于可拓数据挖掘的客户价值分析软件设计与实现. 硕士学位，广东工业大学，2013.

[29] Zhu XY, Yu YQ, Guo XY. Extension Data Mining and the Application in Decision Support System. In: First International Workshop on Education Technology and Computer Science, Wuhan: IEEE, 2009, 1: 853–857.

[30] 丁俐娟. 可拓建筑策划数据挖掘理论研究. 硕士学位论文，哈尔滨工业大学，2014.

[31] XS Li, Y Shi, J Li, P Zhang. Data Mining Consulting Improve Data Quality. Data Science Journal, 2007, 6: 658–666 .

[32] GL Nie, XT Li, LL Zhang, YJ Zhang, Y Shi. Knowledge Intelligence: A New Field in Business Intelligence. Cutting-Edge Research Topics On Multiple Criteria Decision Making, 2009, 35: 166–169.

[33] Y Shi. Humancasting: A Fundamental Method to Overcome User Information Overload. Information, 2000, 3: 127–143.

[34] LL Zhang, J Li, Y Shi and XH Liu. Foundations of intelligent knowledge management. Human Systems Management, 2009, 28: 145 - 161.

[35] XS Li, YJ Tian, Florentin Smarandache and Rajan Alex. An Extension Collaborative Innovation Model in the Context of Big Data. International Journal of Information Technology & Decision Making, 2015, 14（1）: 69–91.

[36] 杨国为，王守觉. 可拓模式识别与及其神经网络模型. 哈尔滨工业大学学报，2006，38（7）: 1129–1132.

[37] 王璐，李延伟，轩春青．可拓模式识别方法研究综述．中原工学院学报，2011，22（5）：53-56.

[38] 张金春，张家宾，李超亚，王帅磊．可拓模式识别算法中经典域的确定方法．海军航空工程学院学报，2015，30（1）：87-90.

[39] 刘巍．物元神经网络．见：蔡文主编．从物元分析到可拓学．北京：科学技术出版社，1995．311-317.

[40] 蔡国梁，罗伟，康丙欣．可拓学与人工神经网络．天中学刊，1998，13（5）：9~12.

[41] M．H．Wang，C．P．Hung．Extension neural network and its applications．Neural Networks，2003，16（5）：779-784.

[42] M．H．Wang．Extension neural network-type 2 and its applications，IEEE Trans on Neural Networks，2005，16（6）：1352-1361.

[43] 杨国为，王守觉．模式可拓识别及其神经网络模型．哈尔滨工业大学学报，2006，38（7）：1129-1132.

[44] M．H．Wang．Partial Discharge Pattern Recognition of Current Transformers Using an ENN．IEEE Transs on Power Delivery，2005，20（3）：1984-1990.

[45] 赵明富，廖强．神经网络可拓融合技术在生物废气检测中的应用．西南农业大学学报，2006，28（5）：863-867.

[46] 王鸿洁，常国岑．可拓神经网络在可拓专家系统中的研究与应用．系统工程与电子技术，2005，27（2）：264-266.

[47] 孙佰清，邢爱国，张积宾．可拓神经网络模型的设计与实现．哈尔滨工业大学学报，2006，38（7）：1156-1159.

[48] M．H．Wang．Extension neural network - Type 3．Lecture Notes in Computer Science，2005，3 503-508，．

[49] Shatnawi Y，Al-khassaweneh M．Fault diagnosis in internal combustion engines using extension neural network．Industrial Electronics，IEEE Transactions on，2014，61（3）：1434-1443.

[50] Zhou Y，Tian L，Liu L．Improved Extension Neural Network and Its

Applications. Mathematical Problems in Engineering, 2014, 2014.
[51] 文天柱，许爱强，程恭. 基于改进 ENN2 聚类算法的多故障诊断方法. 控制与决策，2015，30（6）：1021-1026.
[52] Chao K H, Lee R H, Wang M H. An Intelligent Traffic Light Control Based on Extension Neural Network. Knowledge-Based Intelligent Information and Engineering Systems. 2008, 5177（2）：17-24.
[53] Wang M H. Hand Recognition Using Thermal Image and Extension Neural Network. Mathematical Problems in Engineering, 2012, 2012（9）:139-139.
[54] Kuei-Hsiang Chao, Meng-Hui Wang, Wen-Tsai Sung, and Guan-Jie Huang. Using enn-1 for fault recognition of automotive engine. Expert Systems with Applications, 2010, 37（4）：2943-2947.
[55] Zhou Y, W. Pedrycz, Qian X. Application of extension neural network to safety status pattern recognition of coal mines. Journal of Central South University of Technology, 2011, 18（3）：633-641.
[56] 张斯. 可拓建筑策划数据挖掘方法研究. 硕士学位，哈尔滨工业大学，2014.
[57] 丁俐娟，邹广天，郭强，张斯. 可拓建筑策划数据挖掘理论探讨. 广东工业大学学报，2015，32（1）：1-5.
[58] 邹广天，张斯，郭强，丁俐娟. 针对参变量数据元集的可拓建筑策划分类知识挖掘方法. 科技导报. 2014，32（36）：43-47.
[59] 李加悦. 可拓生态建筑设计数据挖掘研究. 硕士学位，哈尔滨工业大学，2013.
[60] 周舟. 可拓建筑设计数据挖掘理论研究. 硕士学位，哈尔滨工业大学，2014.
[61] 肖俊龙. 可拓建筑设计数据挖掘方法研究. 硕士学位，哈尔滨工业大学，2014.
[62] 刘书宇，邹广天，周舟，肖俊龙. 面向可拓建筑设计的数据准备流程. 科技导报.，2014，32（36）：37-42.

[63] 周舟，邹广天，刘书宇，肖俊龙. 可拓建筑形态设计变换数据库初探. 数学的实践与认识，2015，45（19）：149-154.
[64] 赵燕伟，苏楠. 可拓设计. 北京：科学出版社，2010.
[65] 赵燕伟. 智能化概念设计的可拓方法研究. 博士学位，上海大学，2005.
[66] 赵燕伟. 基于实例推理的加工中心模块化设计智能 CAD 系统研究. 系统仿真学报，2000，12（2）：142-145.
[67] 赵燕伟，金方顺，王万良，张国贤. 基于发散树思维方法的刀库概念设计. 广东工业大学学报，2001，18（1）：11-16.
[68] Pine BJ. Mass customization：the 21th frontier in business competition. Boston：Harvard Business School Press，1993.
[69] Jiao JX. Design for mass customization by developing product family architecture. Ph. D，Hong Kong University of Science and Technology，1998.
[70] 赵燕伟，苏楠，张峰，陈建. 基于可拓实例推理的产品族配置设计方法. 机械工程学报，2010，46（15）：146-154.
[71] 苏楠，赵燕伟，唐辉军，赵富贵，张峰，桂元坤. 基于可拓逻辑的产品族可配置规划研究. 计算机集成制造系统，2008，14（10）：1897-1904.
[72] 赵燕伟，苏楠，周鹏，唐辉军，叶永伟. 面向定制的产品可拓配置设计方法研究. 哈尔滨工业大学学报，2006，38（7）：1153-1155.
[73] Laurent A，Olsen SI，Hauschild MZ. Carbon footprint as environmental performance indicator for the manufacturing industry. CIRP Annals-Manufacturing Technology，2010，59（1）：37-40.
[74] 赵燕伟，洪欢欢，周建强. 产品低碳设计研究综述与展望. 计算机集成制造系统，2013，19（5）：897-908.
[75] Zhao YW，Hong HH，Jiang GC，Chen WG，Wang HW. Conflict resolution for product performance requirements based on propagation

analysis in the extension theory. Advances in Mechanical Engineering, 2014, 6: 156–182.
[76] 赵燕伟，姜高超，华尔天，周建强，洪欢欢．基于多维关联函数的产品低碳设计实例动态分类方法．计算机集成制造系统，2015，21（6）：1428–1435.
[77] 赵燕伟，周建强，洪欢欢，陈尉刚，何路．可拓设计理论方法综述与展望．计算机集成制造系统，2015，21（5）：1157–1167.
[78] 赵燕伟，任设东，陈尉刚，楼炯炯，冷龙龙．基于改进 BP 神经网路的可拓分类器构建．计算机集成制造系统，2015，21（10）：2807–2815.
[79] 赵燕伟，何路，洪欢欢，黄祥．面向 TRIZ- 可拓学集成的创新方法研究．广东工业大学学报，2015，32（2）：1–10.
[80] 清华大学绿色制造研发中心．机电产品绿色设计理论与方法：国家自然科学基金项目研究报告，2002.
[81] 刘飞，李聪波，曹华军，王秋莲．基于产品生命周期主线的绿色制造技术内涵及技术体系框架．机械工程学报，2009，45（12）：115–120.
[82] 陈建，赵燕伟，李方义，李剑峰．基于转换桥方法的产品绿色设计冲突消解．机械工程学报，2010，46（9）：132–142.
[83] 陈建，张胜良，李鑫，陈琨．拆卸序列规划中子装配体的识别与生成．工程设计学报．2016，23（1）：1–7.
[84] 连菲．可拓建筑策划的基本理论及其应用方法研究．博士学位，哈尔滨工业大学，2010.
[85] 薛名辉．可拓建筑设计的基本理论及其应用方法研究．博士学位，哈尔滨工业大学，2011.
[86] 程霏．文物建筑保护的可拓设计理论与方法研究．博士学位，哈尔滨工业大学，2007.
[87] 刘金铭．计算机辅助可拓建筑策划的基本理论研究．硕士学位，哈尔滨工业大学，2008.

[88] 由爱华. 计算机辅助可拓建筑策划的表达方法研究. 硕士学位，哈尔滨工业大学，2008.

[89] 隋铮. 计算机辅助可拓建筑设计的基本理论研究. 硕士学位，哈尔滨工业大学，2008.

[90] 于融融. 计算机辅助可拓建筑设计的表达方法研究. 硕士学位，哈尔滨工业大学，2008.

[91] 王行愚，李健. 论可拓控制. 控制理论与应用，1994，11（1）：125-128.

[92] 潘东，金以慧. 可拓控制的探索与研究. 控制理论与应用，1996，13（3）：305-311.

[93] 王万良，吴刚. 分层多变量可拓控制器及其应用. 广东工业大学学报，1999，16（4）：102-105.

[94] 阳林，吴黎明，黄爱华. 可拓控制的物元模型及其控制算法. 系统工程理论与实践，2000，20（6）：11-16.

[95] 陈珍源，翁庆昌. 基于滑模控制的可拓控制器设计. 中国工程科学，2001，3（9）：48-51.

[96] 翁庆昌，陈珍源. 非线性系统的自适应可拓控制器设计. 中国工程科学，2001，3（7）：54-48.

[97] 张永，吴晓蓓等. 一类多变量自校正系统的可拓控制. 南京理工大学学报，2002，26（5）：486-489，498.

[98] 张永，吴晓蓓. 基于可拓逻辑的智能控制. 硕士学位，南京理工大学，2002.

[99] 张永，吴晓蓓，徐志良. 一类多变量自校正系统的可拓控制. 南京理工大学学报（自然科学版），2002，26（5）：486-489.

[100] 李素敏. 基于可拓逻辑的神经网络控制研究. 硕士学位，郑州大学，2003.

[101] 何 斌，朱学锋. 可拓自适应混杂控制. 控制理论与应用，2005，22（2）:165-170.

[102] 姜万录，孙慢，陈南．电液伺服系统的可拓控制策略研究．机床与液压，2005，1：94–97．
[103] 管风旭，王科俊．基于倒立摆系统的可拓控制策略研究．哈尔滨工业大学学报，2006，38（7）:1146–1149．
[104] 管风旭．倒立摆系统的可拓控制策略及实验研究．硕士学位，哈尔滨工程大学，2006．
[105] 刘微容．可拓控制器设计方法研究．硕士学位，兰州理工大学，2007．
[106] 高云婷，邢军．基于可拓控制的机器人路径规划方法研究．微计算机息，2008，4（24）：34–38．
[107] 师黎，刘炜．移动机器人可拓控制器的设计．微计算机信息，2008，11：23–27．
[108] 王明东，刘宪林，于继来．基于灰色预测的可拓控制方法．控制工程，2011，18（1）：75–77．
[109] 陈无畏，汪洪波．基于功能分配的汽车悬架/转向系统可拓控制及稳定性分析．机械工程学报，2013，49（24）：67–75．
[110] Wang Minghui，Yu Yongquan，Zeng Bi．Hybrid Intelligent Control for Submarine Stabilization．International Journal of Advanced Robotic Systems，2013，10：1–11．
[111] 王明东，刘宪林，于继来．基于灰色预测技术和可拓控制方法的电力系统稳定器．电力自动化设备，2014，34（4）：8–12．
[112] Luige Vladareanu，Cai Wen，Yang Chun–yan，et al．Method and Device for Extension Hybrid Force–Position Control of the Robotics and Mechatronics System[P]．Romania：A20121077，2012–12–28．